Surface Chemistry and Geochemistry of Hydraulic Fracturing

水力压裂界面化学与地球化学

〔美〕K. S. 伯迪(K.S. Birdi) 著

管保山 许 可 译

科学出版社

北 京

图字：01-2018-6583 号

内 容 简 介

　　本书介绍了水力压裂界面化学与地球化学相关理论研究和液体技术，主要论述了多孔介质中的毛管力作用、固体表面的吸附解吸界面特性、固体表面润湿过程、泡沫的稳定性研究及应用和乳液体系结构与分析等内容。本书以表面活性剂在水力压裂领域的应用为背景，系统阐述了表面活性剂在固体表面上的吸附和构效关系，在很大程度上反映了压裂液界面化学的最新进展和成果。

　　本书可供从事水力压裂生产实践的技术人员和表面活性剂研究的科研人员使用，也可供相关专业大专院校师生参考。

图书在版编目（CIP）数据

水力压裂界面化学与地球化学 / (美) K.S.伯迪(K. S. Birdi) 著；管保山，许可译. -- 北京：科学出版社，2024. 9. -- ISBN 978-7-03-079456-7(2025.1 重印)

Ⅰ. TE357；P59

中国国家版本馆 CIP 数据核字第 2024US2830 号

责任编辑：罗　莉　刘莉莉 / 责任校对：彭　映
责任印制：罗　科 / 封面设计：墨创文化

科 学 出 版 社 出版
北京东黄城根北街16号
邮政编码：100717
http://www.sciencep.com
四川青于蓝文化传播有限责任公司 印刷
科学出版社发行　各地新华书店经销

＊

2024 年 9 月第 一 版　　开本：B5（720×1000）
2025 年 1 月第二次印刷　　印张：11 1/2
字数：273 000

定价：128.00 元
（如有印装质量问题，我社负责调换）

译 者 序

在我国剩余石油储量和探明天然气地质储量中，非常规油气资源所占比例较大。油气资源不可再生，但非常规油气革命可延长石油工业的生命。油气勘探资源类型正从常规向非常规转变。非常规油气资源主要包括页岩油、页岩气、致密砂岩气、煤层气、油页岩、油砂油、天然气水合物等 7 种资源。水力压裂技术是应用于非常规油气藏压裂的有效措施。水力压裂是在压裂施工的过程中，在钻井主要管道形成之后，通过射孔枪在管道周围打穿岩石形成新的裂缝，然后通过水力压裂使管道周围裂缝扩大延伸，实现对储层的三维立体改造。表面活性剂是压裂液中重要的添加剂，主要用作助排剂、渗吸驱油剂、起泡剂、消泡剂、乳化剂和清洁压裂液等，因此水力压裂相关的界面化学研究至关重要。

本书是 K.S.伯迪于 2017 年编写的《水力压裂界面化学与地球化学》中文翻译本。本书重点介绍了水力压裂界面化学与地球化学相关的理论研究和液体技术，主要论述了多孔介质中的毛细管力作用、固体表面的吸附解吸界面特性、固体表面润湿过程、泡沫的稳定性研究及应用和乳液体系结构与分析等内容。另外，本书以表面活性剂在水力压裂领域的应用为背景，系统阐述了表面活性剂在固体表面上的吸附和构效关系，在很大程度上反映了压裂液界面化学的最新进展和成果，是从事水力压裂生产实践的技术人员和表面活性剂研究科研人员使用的重要参考书。

全书共分为 8 章，全部数据及实例均来自公开发表的文献，同时每章最后附有相关文献。全书由管保山教授负责翻译过程中的总体组织、协调和中文审核等工作。管保山翻译了第 1 和第 2 章；许可翻译了第 3 和第 4 章；翁定为翻译了第 5 和第 6 章；石阳翻译了第 7 和第 8 章。高莹、杨艳丽参与附录和部分图表文字的翻译校核工作。

本书出版得到了中国石油油气藏改造重点实验室和中国石油科技管理部项目"超高温清洁压裂液与变黏功能滑溜水研究"（2020B-4120）、国家自然科学基金"超深层新型抗高温聚合物冻胶压裂液及耐温减阻机制"（51834010）的资助。中国石油天然气股份有限公司雷群、杨能宇、王欣、邱金平、易新斌等给予了大力支持，刘卫东、才博、何春明、杨立峰、李阳、王丽伟和梁利等给予了指导和帮助，在此一并致谢。

由于语言特点的差异以及本书译者水平有限，疏漏和不足之处在所难免，敬请读者见谅和指正。

目　　录

1 绪 论

1.1 引 言

人类用火已经有近 50 万年的历史。在过去的几十年里，人类对能源(热能和电能等)的需求一直以每年大约 2%(与世界人口增长成比例)的比率增长。因此，现代人类(约 70 亿人)完全依赖能源来抵御自然灾害(洪水、地震、风暴等)。例如，最耗能的基本产品之一是人类赖以生存的食物。过去的几十年里，能源的主要来源有木材、煤炭、石油、天然气(甲烷)、水能、核能、太阳能和风能等。

目前，石油、天然气和煤炭是世界最大的能源来源(附录 I)。煤炭(固体)、石油(液体)和天然气(主要成分是甲烷)的成因也一直是人们广泛研究的课题。化学成分分析表明，煤炭、石油和天然气是数百万年前埋藏在地下的植物、昆虫等经过高温和高压逐渐转化而来的(Burlingame et al.，1965；Levorsen，1967；Calvin，1969；Tissot and Welte，1984；Yen and Chilingarian，1976；Russell，1960；O'Brien and Slatt，1990；Jarvie et al.，2007；Singh，2008；Bhattacharya and MacEachen，2009；Slatt，2011；Zheng，2011；Zou，2012；Melikoglu，2014)(附录 I)。

众所周知，地球表面下蕴藏着大量的煤、石油和天然气。在这种情况下，必须指出的是，地球表面压力虽为 1atm[①]，但是地球核心是一个高温(6000℃)和高压区(附录 I)，这种能量差异的梯度意味着流体和气体的扩散(迁移)受动力学影响。根据研究，甲烷存在于地球的内核且在地球基质中的裂缝和裂隙中不停地流动。换言之，地球表面的大多数现象都保持在一个相比于地球内部核心更低的温度和压力下，而地球内核中的许多流体等连续介质(如石油、熔岩和气体)具有更高的势能。这表明地球上的自然现象在物理和化学热力学上不是静态的，熔岩、石油等地球内部的气体或液体可以通过天然裂缝中的能量差异，向上流动到地球表面(液体等连续介质在多孔岩石中渗流)。石油和天然气通常存在于两种不同类型的储层中(附录 I)(图 1.1)：

- 常规油气藏储层能源
- 非常规油气藏储层能源(烃源岩)

_____

① 1atm=1.01325×10^{5}Pa

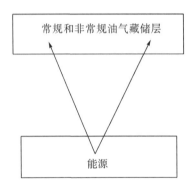

图 1.1　油气藏定义为常规油气藏和非常规油气藏(烃源岩)

常规油气藏储层是指从烃源岩迁移而来的物质(石油和天然气)被圈闭在岩石结构中的小块区域内。常规油气藏已被开采了近一个世纪。从油气运移来说,常规储层具有不同于烃源岩(非常规)的物理化学特征。关于石油和天然气的起源,有人认为是由圈闭在烃源岩(如页岩气藏)中的动植物等经过数百万年演变而来的。但在地球的不同地方,人们在冰中也发现了大量以水合物形式存在的甲烷(Kvenvolden,1995;Aman,2016;Bozak and Garcia,1976)(附录Ⅰ)。

在过去的几十年里,常规油气藏的油气供应一直在减少,人们迫切需要探索新的能源来源。人们在地球的一些地方发现了页岩储层,那里的石油和天然气储量非常大(有些地区页岩油气储量超过 10 万亿桶)。在过去十年中,已从页岩储层中开采了大量的天然气(主要在美国和加拿大)。目前已有大量文献对该技术进行了分析和研究,由于该工艺过程中的物理化学现象比较复杂,因此在某些方面需要进行更详细的分析。当一种液相或气相物质通过另一种介质(如多孔岩石),表面之间的相互作用力就变得尤为重要。在目前的相关文献中,人们已对储层的表面化学进行了深入细致的研究(Bozak and Garcia,1976;Borysenko et al.,2008;Scheider et al.,2011;Zou,2012;Josh et al.,2012;Deghanpour et al.,2013;Striolo et al.,2012;Engelder et al.,2014;Mirchi et al.,2015;Birdi,2016;Scesi and Gattinoni,2009)。

页岩油气藏开发由两方面组成:宏观部分和微观部分(图 1.2)。

宏观部分涉及泵送系统、压力调节体系、开发管线和输送管道等。微观部分主要与液体和气体在多孔介质中的渗流原理有关,主要通过实验室仪器设备对储层岩石样品进行物理模拟和实验研究。页岩气的开采与常规气藏的开采不同,其中一个主要的区别在于使用了水平钻井,它比垂直钻井的采收率更高(附录Ⅰ)。此外,页岩气的开采是一个多步骤的过程。

步骤Ⅰ:高压注入液体体系(添加适当的添加剂,有助于造缝以及稳定裂缝)。

步骤Ⅱ:天然气开采(气体通过裂缝的解吸附及扩散过程)。

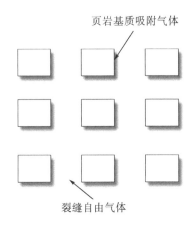

页岩基质吸附气体

裂缝自由气体

图 1.2 页岩气储层(页岩基质吸附气体与裂缝自由气体)

步骤Ⅰ与水和岩石之间的表面张力有关。裂缝的起裂是从岩石表面开始的,这意味着表面张力决定了裂缝的形成。液体通过多孔介质的流动与毛细管力密切相关(第 2 章)。步骤Ⅱ的天然气开采是通过表面化学中固-气相互作用理论(第 4 章)来描述气体的解吸过程(Howard,1970;Tucker,1988;Civan,2010;Javadpour,2009;Allan and Mavko,2013;Engelder et al.,2014;Yew and Weng,2014)。还有学者发现页岩气以吸附气为主(Hill and Nelson,2000;Shabro,2013;Ozkan et al.,2010)。实验表明,天然气(主要是甲烷)在页岩储层中自发生成,游离气体和吸附气体共存,而甲烷作为一种有机分子也会被吸附到页岩的有机部分(干酪根)(附录Ⅰ)。目前,已经有人(Bihl and Brady,2013)研究了油页岩(伊利石黏土岩)的黏附特性,以及对水力压裂和返排程度的影响。

关于气体在固体表面的吸附-解吸表面化学原理已有文献报道(Adam,1930;Chattoraj and Birdi,1984;Adamson and Gast,1997;Holmberg,2002;Matijevic,1969~1976;Somasundaran,2015;Birdi,2016)(第 4 章)。据估计,气体总量中有 20%~80%被吸附。图 1.3 对页岩气藏的开采过程进行了描述。鉴于气体吸附的表面积非常大,这项技术需要一个长期勘探和开发的方法。表面扩散是气体流动和开采的重要过程(Bissonnette et al.,2015)。如果孔隙大于 50nm(大孔隙),那么气体分子之间的碰撞频率将大于气体和固体表面的碰撞频率。在气体分子的自由程大于孔隙的情况下,气体分子间碰撞的频率占主导地位(即所谓的克努森扩散域(附录Ⅱ)。表面扩散则在微孔中占主导地位(直径小于 2nm),因此,压力、温度、固体表面以及气体与固体表面之间的相互作用共同决定着表面扩散过程。

这种对页岩气藏的描述在目前是主流的研究方向。表界面化学目前已经应用于各个技术领域,如地质、地球物理、地球化学、水力学、油藏工程、石油勘探、生物化学、纸张和油墨、清洁和抛光(Birdi,1997,2003,2014,2016)。

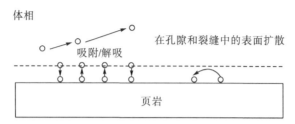

图 1.3　页岩储层气体的开采过程

　　任何一种物质(油、气或水)在流过多孔介质(如岩石等)时，都涉及界面化学。界面是两个不同相之间的接触面，如石油-岩石、气体-岩石、水-岩石、石油-水等。在这样的体系中，表界面化学起决定性的作用。本书将介绍页岩气储层表面化学的基本原理，重点介绍其对水力压裂的作用。通过添加适当的表面活性压裂物质(surface active fracturing substances，SAFS)，采用高压注水法对页岩储层进行压裂，从而形成新的裂缝。因此，要了解裂缝的形成，就需要了解岩石的表面作用力。在裂缝起裂和形成过程中，可以用表界面化学原理解释岩石在应力作用下发生断裂(或破裂)的现象(Rehbinder and Schukin，1972；Shipilov et al.，2008；Malkin，2012；Adamson and Gast，1997；Birdi，2014，2016)(第 4 章)。

　　为了更详细地解释这些体系，有必要考虑物质的结构。通过经典物理学和化学可以描述宇宙的物质组成。一切自然现象都与物质的变化有关，也与物质的结构有关(图 1.4)：

- 固体
- 液体
- 气体

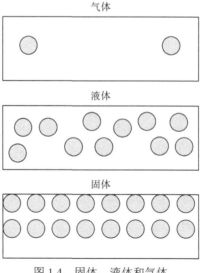

图 1.4　固体、液体和气体

然而，在许多工业(特别是化学工业)和自然界发生的现象中，我们发现有些过程需要对物质进行更详细的定义，这些定义通常涉及两个不同的相界面(如液体-空气、固体-空气、液体-固体)。

相的组合可以通过以下方式进行描述：固相-液相-气相。

这些相的分子结构不同，因此，对于与每种相有关的现象，我们还需要物质在对应相态下的详细信息。例如，在页岩气藏中，可以将该系统描述为：固相(页岩)-液相(压裂液)-气相(甲烷气)。

在气体开采的过程中，有两个过程与表面化学原理相关，它们的特征有所不同(图 1.5)。这些表界面化学方面的知识有助于我们理解气体开采过程中的基本作用力。此外，我们还分析了两个过程中涉及的表面作用力。例如：

- 页岩表面(固体表面)
- 水力裂缝的形成(固-液界面)

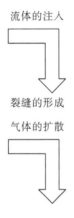

流体的注入

裂缝的形成

气体的扩散

图 1.5 水相通过多孔岩石(裂缝)的流动—页岩气扩散

页岩-气藏天然气(主要是甲烷)的生产是上述关系最基本的一个例子。众所周知，流体在页岩的流动过程中，最大的瓶颈就是表(界)面问题。页岩非常致密，渗透率非常低(附录 I)。此外，我们发现页岩由不同的基质孔隙组成：

- 有机相
- 无机相

通过压裂制造裂缝可以开采吸附在岩石上的气体。在石油和天然气行业，水力压裂技术已经应用了几十年(附录 II)。水力压裂液在高压下注入油气藏(Cahoy et al.，2013；Engelder et al.，2014)，形成大小不同的裂缝，此外，可以通过表界面化学原理(第 4 章)研究岩石的润湿性，特别是由页岩的亲水-疏水特性决定的润湿性，这对水力压裂技术非常重要(Borysenko et al.，2008；Engelder et al.，2014)。

1.2 页岩储层裂缝的形成和表面力

页岩气储层的渗透率很低。因此，人们发现需要在含气基岩中制造裂缝和裂隙，以提高天然气的采收率，这个过程叫水力压裂，即在高压下注入压裂液(水和适当的添加剂)形成裂缝。水力压裂过程一般包括以下步骤：

- 高压注入液体
- 造缝
- 气体(主要是甲烷)通过裂缝解吸并扩散到地球表面

由此可见，在这个过程中涉及各种表(界)面问题：

- 压裂液溶液(液相)和页岩(固相)
- 裂缝形成(岩石表面初始阶段)
- 采气(气相)和页岩(固相)

这些现象涉及不同的界面，这说明表面力是复杂的。以压裂为例，该过程发生在表面力相互作用的岩石上。气体在页岩(烃源岩)中比在井筒中具有更高电势，经过数千年，最终会通过裂缝扩散到地球表面。

储层中，当流体的泵送速度超过岩石地层吸收的速度时，就会产生裂缝。高压水的注入在机械应力作用下会产生多个裂缝，该过程会使一块岩石破裂形成两个新的固体表面(与表面力有关)。压裂还可使用乳化剂、泡沫等非水液体，在压裂液中加入 5%～10%的硅质小颗粒(支撑剂)或其他性质类似的固体颗粒，可以保持裂缝支撑过程中的稳定。除了水(95%～90%)，压裂液还应含有其他的添加剂(低于 2%)(附录Ⅱ)，添加剂通常包括：

- 悬浮硅质颗粒，使其有效支撑裂缝
- 增黏聚合物体系
- 交联剂
- 表面活性剂(surface active substances，SAS)
- 表面活性压裂物质
- 起泡剂
- 其他添加剂，如 pH 调节剂、生物酶破胶剂、杀菌剂

显然，页岩储层的压裂过程是很复杂的，已有文献(专利)报道了 SAFS 添加剂在相似储层裂隙或裂缝中的应用。压裂过程可以简单解释为注入液体使岩石分离成两个新的固体表面(图 1.6)。

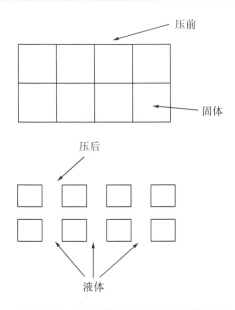

图 1.6　液体注入后形成裂缝的示意图(压裂液注入前后)

　　裂缝形成后,气体从页岩表面解吸,并通过裂缝(孔隙)扩散。气体解吸附的速率依赖于体系的吸附和解吸状态之间的平衡。目前已有文献对这个表面过程进行了热力学方面的研究。裂缝的形成与岩石的特性(固体的表面力)和注入液体(一般是水加上其他添加剂如乙醇或 SAFS)的性能有关。添加 SAFS 可以促进裂缝形成,这个观点已有学者进行了研究(Aderibigbe,2012;Dunning et al.,1980;Santos,2008;Boschee,2012;Engelder et al.,2014;Ma and Holditch,2016)。几十年来,我们已经知道固体(晶体、岩石或金属)的裂纹扩展过程(在机械应力作用下)是从表面(分子)区域(第 4 章)产生裂纹并向体相扩展。也有报道称,一些特殊的添加剂(如 SAFS)可以诱导岩石的断裂。人们对纯岩石晶体和纯金属进行了研究,认为裂缝的扩展是从分子的表层开始的(图 1.7):

- 固体:表面分子
- 裂缝扩展
- 本体固相

　　例如,不同储层类似裂缝(或裂隙)的形成已有几十年历史,人们基于日常生活中对多种固体断裂过程的观察来对储层裂缝进行研究,如图 1.7 所示。任何固体都会在适当的压力下产生裂痕。然而,如果用金刚石切割玻璃表面,当施加压力时,玻璃会在划痕处(表面刮痕)精确地断裂。纯金属在被另一种金属划伤表面后,沿缺陷线断裂(如锌和镓)(Rehbinder and Schukin,1972)。这表明,要使裂缝(裂纹)扩展,必须改变表面分子之间的相互作用力(图 1.7)。在一些岩石中发现,流体的表面电荷(即 Zeta 电势)对于裂缝形成的初始阶段是非常重要的。此外,有报道称，裂缝的形成与添加剂的表面性质有关，在此背景下，SAFS 添加剂的表面吸附性就非常重要。文献中用一般吉布斯吸附理论描述任意溶质在水中的界面吸附，如液-气、液-液、液-固、固-气（Adamson and Gast，1997；Chattoraj and Birdi，1984；Birdi，2016；Somasundaran，2015；Fathi and Yucel，2009）。

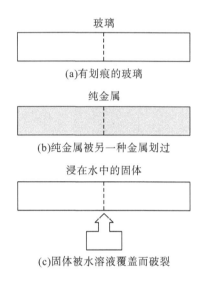

图 1.7 固体中理想化裂缝的形成

气体在任何多孔固体介质中的流动都与气-固的界面力有关。页岩中气体的运动（有机相，即干酪根）意味着气体分子处于以下过程中（Scheidegger，1957；Letham，2011；Shabro et al.，2011a，2011b，2012；Birdi，1997，2016；Fengpeng et al.，2014；Kumar，2005；Rao，2012）：

- 气体扩散（即气体通过裂缝的运动）
- 吸附/解吸能量（吸附气体，主要在页岩的有机部分，必须解吸以移动到井底的表面）

对页岩岩心样品进行的一些研究表明，甲烷的吸附-解附遵循朗缪尔吸附定律（Bumb and Mckee，1988；Kumar，2012）（第 4 章）。此外，目前的生产分析表明，页岩储层中的天然气处于不同相中（Fathi and Yucel，2009）：

- 裂缝中的游离气体
- 页岩吸附气体
- 盐水中溶解气体（非常少）

采收率主要取决于自由相和吸附相之间的电势差。不同页岩储层的采收率不同（图 1.8），这表明吸附在页岩上的气体状态不同。而且人们还发现，页岩油藏最初的采收速率较快，但随时间的推移而减慢。

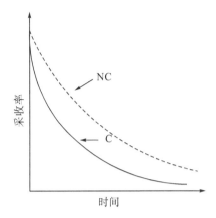

图 1.8　气体在常规(C)和非常规(NC)页岩储层中的采收率

　　气体的采收率主要与页岩上气体分子的吸附-解吸有关。采收率表明，天然气的一次采收来自自由气，二次采收(速度较慢)来自吸附气体(Oligney and Economides，2002；Shabro et al.，2009，2011a，2011b，2012；Donaldson et al.，2013；Yew and Weng，2014)。这种体系的表界面化学性质可以从微观角度进行分析。如果观察一个盛有液体的容器(如水)，你会注意到液体和气体(空气)在表面相遇。如果对这个体系进行分子层面的研究，可以从实验中发现，位于界面处的分子(如气体-液体、气体-固体、液体-固体、液体 $_1$-液体 $_2$、固体 $_1$-固体 $_2$)与本体相中的分子表现不同(Adam，1930；Aveyard and Hayden，1973；Bancroft，1932；Partington，1951；Chattoraj and Birdi，1984；Davies and Rideal，1963；Defay et al.，1966；Gaines，1966；Harkins，1952；Holmberg，2002；Matijevic，1969~1976；Fendler and Fendler，1975；Adamson and Gast，1997；Auroux，2013；Birdi，1989，1997，1999，2003，2009，2016；Somasundaran，2006，2015)。典型的例子如下：

- 海洋、河流和湖泊表面(液体-空气界面)
- 路面(固体-空气、固体-汽车轮胎)
- 肺表面
- 洗涤和清洁表面
- 乳化剂(化妆品和药品)
- 油气藏储层(常规和非常规)
- 不同工业(造纸、乳制品)

　　例如，海洋表面发生的反应与海水内部发生的反应不同。此外，在某些情况下(如石油泄漏)，人们很容易认识到海洋表面作用的重要性。众所周知，位于界面或界面附近的分子，相对于主体中分子的相互作用是不同的(图 1.9)。换句话说，在任何界面附近发生的所有过程都依赖于这些分子的取向和相互作用。此外，对于分子结构致密的流体，排斥力主导着流体结构，排斥力的主要作用是提供一个均一的背景电势，使分子作为硬球运动。界面处的分子将处于一个不对称的应力场，从而产生所谓的表面张力或界面张力(图 1.9)(Chattoraj and Birdi，1984；Birdi，1989，1997，1999，2003，2016；Adamson and Gast，1997；Somasundaran，2015)。

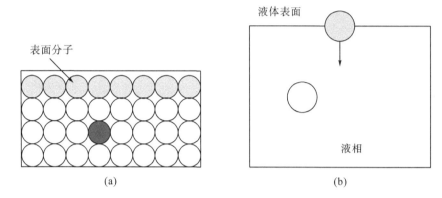

图 1.9　(a)表面分子(阴影)和(b)作用于液相中的分子(深色)和表面分子(浅色)周围分子间力

这就导致了液体和固体之间的黏附力(第 5 章)，这是表面和胶体科学的一个主要应用领域。

分子在液体状态下不断地运动，导致分子所受合力随时间而变化。在表面的分子主要受到来自本体相的向下作用力的影响。分子离表面越近，由于不对称而受到的力就越大。在所有表面附近，不对称区域起着非常重要的作用。因此，当液体的表面积增加时，一些分子必须从连续相的内部移动到界面。液体的表面张力是垂直作用于单位长度表界面的力，因此表面积总是趋于减小。液相中的分子被相邻的分子包围，它们以对称的方式相互作用。在密度是液相千分之一的气相中，分子间的相互作用相对于密度大的液相来说非常弱。因此，一个分子从液相过渡到气相时密度变化了 1000 倍，这意味着液相中一个分子的体积是其在气相中的 1‰。

表面张力是自由能随表面积的微积分变化，表面积的增加要求分子从本体相进入表面相。对于两种液体或一种固体和一种液体，表面张力同样是存在的，这通常被称为界面张力。一个液体分子会吸引它周围的分子，反过来，它也会被它们吸引(图 1.9)。对液体内部的分子来说，所有这些力的合力是中性的，它们处于相互作用的平衡状态。当这些分子出现在表面时，它们会被下面的分子和侧面的分子所吸引，但不会被外面的分子所吸引(如气相)，合力是一个作用在液体内部的力。对应的，分子间的内聚力提供了一个与液体表面相切的力。因此，流体表面就像一个包裹和压缩其下液体的隔膜，表面张力则表示表面分子相互吸引的作用力。

事实上，人们已经发现一根金属针(比水重)可以浮在水面上(如果它被小心地放置在水面上)。因此，液体的表面可以看作是一个势能面。可以假设液体的表面为一层膜(在分子尺度上)，它进入液体，就必须穿透这层膜。一个重物沉入水中首先要克服水面的作用力。这说明在任何液体表面都存在张力(表面张力)，物质(这里是钢针)与其接触就需要克服表面张力。一种液体可以形成三种界面：

(1)液体和气体(如海洋表面和空气)；

(2)液体 $_1$-液体 $_2$ 不互溶(如水-油、乳液)；

(3)液体和固体界面(水滴停留在固体上、湿润、表面清洁、附着力)。

固体表面也可以表现出额外的特性：

(1)固相-固相(裂缝形成、地震)；

(2)固体 $_1$-固体 $_2$(水泥、黏合剂)。

此外，当固体材料断裂成两个单独的实体(板块)时，就会产生裂缝(__//__)，固体断裂形成两个新的表面：

开始=====

以后__//__//__

　　　　__//__//__……裂缝

(1)裂缝形成前的固体和气体；

开始……===气体===气体====

(2)裂缝形成后的固体和气体。

　__//__//__

　__//__气体__//__……裂缝

　__气体//__

　__//__气体__//__

在裂缝形成和压力下降后，吸附气体发生解吸。每一个裂缝的形成实际上就是由水力压裂(机械或其他方法)形成两个新的固体表面的过程(图 1.10)。换句话说，需要能量(表面能量)来形成一个明确的断裂表面区域。所需机械能与产生裂缝表面区域所需的(裂缝)表面能量成正比：

$$裂缝表面能=表面张力(固体)\times裂缝的表面面积 \tag{1.1}$$

基于表面化学原理，人们研究了这些过程中涉及的表面能(Rehbinder and Schukin，1972；Latanision and Pickens，1983；Adamson and Gast，1997；Birdi，2016；Somasundaran，2015)，发现一些吸附在水面的添加剂(如 SAFS)(第 3 章)诱导了断裂过程，这意味着裂缝形成所需能量与表面力(即表面张力)有关。表面张力的大小可以通过改变体系必要的物理参数(如 pH、离子强度或表面活性剂)来改变。任何固体的断裂都是从表面开始的，裂缝的形成也是。

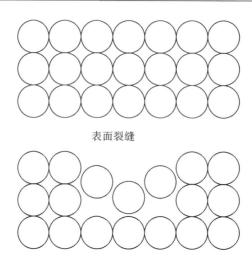

表面裂缝

图 1.10　裂缝形成的初始状态(表面变形)

只有表面分子彼此分离才能形成裂缝(Javadpour et al.，2007)。一般的断裂过程如下：

(1)玻璃裂纹：机械加工(划痕后)；

(2)金属开裂：表面分子；

(3)水下岩石：表面张力或表面电荷的影响；

(4)页岩(或类似)：复杂过程[结合(2)和(3)]。

这些不同的过程在以往的文献中已有相关报道(第 4 章)。在地球上，人们发现了由自然现象(如地震)造成的裂缝。正是通过这些裂缝，油气从烃源岩向常规油气藏运移。另外，这种裂缝形成所需要的力可以与每一克固体被压碎并增加相应表面积时的力相比(图 1.11)。例如，细分的滑石粉的表面积为 $10m^2/g$，活性炭的表面积大于 $1000m^2/g$。这是一个相当可观的数字，其引起的后果将在后面的章节中介绍。定性地说，当增加每克(质量)物质的表面积(对于液体、溶胶或任何其他界面)时，必须要给体系做功。这在水泥工业中尤为重要。生产更细的水泥颗粒需要投入更大的成本和更多的能源。众所周知，在水泥工业(以及许多其他工业，如钻井工业)中，使用特定的添加剂可以减少制造细颗粒所需的能量。

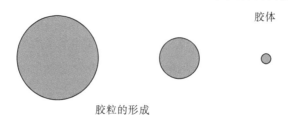

胶体

胶粒的形成

图 1.11　细颗粒的形成(第 4 章)(示意图：小于微米尺寸)

小颗粒的表面化学是日常生活的重要组成部分(如灰尘、滑石粉、沙子、雨滴和排放物)。胶体被定义为尺寸很小的粒子,它们无法通过孔径约为 10^{-6}m(即 μm)的膜(Birdi, 1997, 2016)。几十年来,胶体的性质一直是一个重要的研究课题(Birdi, 2003a)。胶体是一种重要的材料,介于粗分散体系和分子分散体系之间。胶体粒子可能是球形或椭圆形的,但在某些情况下,一个维度可能比另外两个维度大得多(如针状形状)。粒子的大小也决定了我们能否用肉眼或普通光学显微镜看到它们。光的散射可以用来观察胶体颗粒(如灰尘颗粒)。胶体颗粒的尺寸约为 $10^{-4}\sim$ 10^{-7}cm。换算单位如下:

- $1\mu m=10^{-6}$m
- $1nm=10^{-9}$m
- $1Å$(angstrom)$=10^{-8}$cm$=0.1$nm$=10^{-10}$m

纳米粒子(在纳米尺度范围内)目前在不同领域引起了研究人员广泛的兴趣。正如表面和胶体相关文献报道的那样,在过去十年,纳米技术得到了大力发展。胶体体系由两个或两个以上的相和组分组成,界面面积与体积之比变得非常重要。与大块材料相比,胶体颗粒具有较高的比表面积。相当一部分胶体分子位于界面区域内或靠近界面区域。因此,界面区域对胶体的性质有重要作用。胶体分散体既可以是稳定的,也可以是不稳定的,这主要是由两个方面共同决定的:

(1)大的比表面积的影响[如每克固体 $1000m^2$ 的表面积(活性炭等)];

(2)胶体颗粒之间的作用力(粒径与分子间距离之比)。

关于胶体颗粒的行为,必须考虑一些非常特殊的特性:尺寸和形状、表面积和表面电荷密度。

在水力压裂过程中,硅质颗粒一般分散在水中,这个过程属于胶体表面化学。硅质颗粒的应用是为了支撑裂缝,使气体解吸。含硅质颗粒压裂液的稳定性是以胶体理论为基础的。

因此,在这个阶段需要定义一些术语。通常使用的定义如下。考虑到以下分离相时,使用术语"表面":

- 气体-液体
- 气体-固体

考虑到以下分离相时,使用术语"界面":

- 固体-液体:胶体
- 液体$_1$-液体$_2$:油水、乳液
- 固体$_1$-固体$_2$:胶黏剂(胶水、水泥)、裂缝/裂隙的形成、钻井

换句话说,表面张力可以被认为是由一定程度不饱和键的出现而产生的(当一个分子驻留在表面而不是在整体中)。表面张力一词通常用于固体-气体或液体-气体界面。界面张力这个术语通常用于两种液体(油水)、两种固体或一种液体和固

体之间的界面。当然，在一个单组分体系中，流体从本体相到表面都是均匀的。然而，表面分子的取向不同于这些本体相中的分子。例如水，体相中分子的取向将不同于界面，氢键将使氧原子朝向界面。那么，人们可能会问，从流体密度到气体密度的变化有多剧烈(变化幅度是 1000 倍)。这个过渡区域是单层还是多层？近一个世纪以来，这一课题得到了广泛的研究，其中最重要的理论是吉布斯吸附理论，它将表面性质与体相的变化结合起来(Birdi，1989，1999，2003，2016；Defay et al.，1966；Chattoraj and Birdi，1984)。吉布斯吸附理论认为液体的表面是单层的。该理论将表面张力的变化与肥皂浓度的变化联系起来，当加入少量肥皂和表面活性剂后，水的表面张力明显下降。分析扩散单分子层的实验也是基于一个分子层。后者的实验数据确实证实了吉布斯的假设，发现表面活性剂和其他类似的分子(肥皂等)具有自组装特性(即聚合体系)(Tanford，1980；Birdi and Ben-Naim，1980；Birdi，1999；Somasundaran，2015)。

1.3 胶　　体

胶体在希腊语中是胶状的意思。几个世纪以来，人们都知道固体的性质随着体积的减小而改变。人们在日常生活中会发现各种各样的体系，它们由细小的颗粒(滑石粉、沙尘、纳米颗粒等)或大分子(胶水、明胶、蛋白质等)组成(表 1.1)。

表 1.1 典型的胶体系统

	分散	连续	体系名称
相	液体	气体	气溶胶雾，喷雾
	气体	液体	固体泡沫，薄膜，泡沫，灭火器泡沫
	液体	液体	乳液(牛奶)，蛋黄酱，黄油，油/水(乳剂)
	固体	液体	溶胶，碘化银，悬浮废水，水泥，冶金，油漆和油墨，水力压裂
	液体	固体	固体乳剂(牙膏)
	固体	气体	固体气溶胶(粉尘)，烟雾
	气体	固体	固体泡沫(膨胀聚苯乙烯)，绝缘泡沫
	固体	固体	固体悬浮/固体塑料
生物胶体	细胞	血清	血液
	羟磷灰石	胶原蛋白	骨骼、牙齿

胶体体系的广泛存在，具有生物学和技术意义。例如，在水力压裂液中，可以将细分的二氧化硅（SiO_2）分散在水中。SiO_2 的主要作用是保持裂缝的稳定。有人（Birdi，2003）直接研究了 SiO_2 和周围相的表面作用力。后面的废水处理也是表面化学原理的一个典型应用（Birdi，1999，2016）。胶体体系分为三种类型（Adamson and Gast，1997；Birdi，2003，2009）：

（1）在简单胶体中，可以清楚地区分分散相和分散介质，如简单的水包油（o/w）或油包水（w/o）体系；

（2）多胶体涉及三相共存，其中两相被精细划分，如水-油-水（w/o/w）或油-水-油（o/w/o）的多重乳液（蛋黄酱、牛奶）；

（3）网状胶体有两相时可以形成空间网状结构，如聚合物体系。

胶体（固体或液滴）的稳定性是由体系的自由能（表面自由能或界面自由能）决定的。主要决定性参数是分散相和连续相之间较大的接触表面积。由于胶体粒子不断运动，其分散能由布朗运动决定。当温度 T=300K 时，液体与周围分子传递的能量是 $3/2 \cdot k_B T$=$3/2 \times 1.38 \times 10^{-23} \times 300 \approx 10^{-20}$J（这里 k_B 为玻尔兹曼常量）。这种能量和分子间作用力将决定胶体的稳定性。在胶体系统（粒子或液滴）中，碰撞时传递的动能为 $k_B T$=10^{-20}J。然而，在给定时刻，粒子具有较大或较小能量的可能性很大，总能量大于 $10 \times k_B T$ 的概率就变得很小。如果势垒高度与 $k_B T$ 的比值为 1～2 个单位时，胶体就会变得不稳定。两个固相之间彼此会发生相互作用，这样它们的相互势能就可以用它们之间距离的函数来表示，这个观点已经在文献中描述过了。此外，胶体颗粒经常会吸附（甚至吸收）分散介质中的离子（如地下水处理和净化）。

比分散力更强的吸附被称为化学吸附，这是一个化学和物理相互作用的过程。例如，在页岩气开采过程中，可将 SAFS 加入水中以提升水利压裂效果（SAFS 会显著改变表面张力）。

1.4　乳化液和水力压裂液

根据一般的观察，人们知道油和水不能混合。这表明，乳液的形成依赖于油水界面。液体 1（油）-液体 2（水）界面在许多体系中都存在，最重要的是在乳化领域（Friberg et al.，2003；Birdi，2016）。

乳化剂在现代技术（Friberg et al.，2003）中主要有两方面的应用。一个是需要油水乳液的地方，如化妆品；另一个是不需要乳化剂的地方，如废水。在石油天然气工业中有一些不需要乳化剂的体系。例如，返排的压裂液可能会出现油水乳化液。使用乳化剂的优势在于可以同时使用水和油（油不溶于水）。在水力压裂技术中，人们发现使用乳化剂可以减少压裂过程中的水量（附录Ⅰ）。

此外，还可以将其他分子(在水或油相中溶解)引入体系。这显然可以使人们发现上千种可应用的乳化剂。最重要的一点是自然中很多生物液体都具有这项特点。

事实上，油与水的混合状态是液体 $_1$-液体 $_2$ 界面行为的一个重要例子。油-水体系的乳液在日常生活的许多方面都有应用，如牛奶、食品、油漆、石油开采、药品和化妆品。事实上，牛奶相关的胶体化学是天然产物中最复杂的。若将橄榄油与水混合，摇一摇：

- 形成直径约 1mm 的油滴
- 几分钟后，油滴融合在一起，又分成了两层

然而，如果加入适当的物质，由于表面张力的作用，形成的橄榄油滴可能非常小(在微米范围内)。

此外，我们还发现，表面张力在很多行业都得到广泛应用，如油漆、水泥、黏合剂、照相产品、水的净化、污水处理、乳化剂、色谱、石油开采、纸张和印刷工业、微电子学、肥皂和洗衣液、催化剂和生物学(细胞、病毒)。

2 多孔介质中流体流动的毛细管力作用

2.1 引　　言

多孔介质广泛存在于自然界、工程材料及地下结构中，许多流体运动发生在多孔介质中并对其产生重要影响。例如，就页岩气而言，人们发现压裂液(水力压裂)穿过多孔基质可以产生或扩展(稳定)裂缝(图 2.1)。页岩储层的微观分析可以应用表面化学原理来解释。固体中裂缝的形成(通常)可以描述为固体基质——断裂(产生两个新的固体表面)。

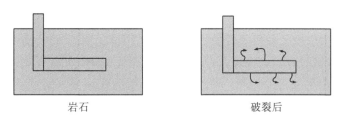

岩石　　　　　　　　　　破裂后

图 2.1　高压水相注入页岩的过程

水力压裂液(水溶液)在页岩基质中的流动是重点，这与任何流体在多孔介质中的流动(即毛细管力)相同。此外，这一过程还有另一个重要的界面现象，称为润湿。润湿特性是一种涉及表面力的现象，表面力作用于水相和页岩(由无机和有机材料组成)之间(第4章)。由于涉及液体和固体表面，因此必须使用表面化学来理解这类体系。本章的主题是介绍液体所具有的一些独特性质。与液体相比，固体表面由于其刚性结构而具有明显不同的特性。

水力压裂是指高压流体冲击页岩及其他储层的过程。页岩的(低)孔隙率是影响压裂的主要因素。对这种现象的详细分析需要分析多孔介质(如页岩)中的流体行为。一种显而易见的结果是被液体包围或者充满多孔介质。然而，人们也发现，在许多情况下，液体的界面上还存在其他一些微妙的性质。另一种现象是，当玻璃毛细管浸入水中时，流体会上升到一定高度，且管子越窄，水升得越高，这是因为不同管中液体的曲率不同，表明弯曲液面的机械力与平坦液面的机械力不同(图 2.2)。

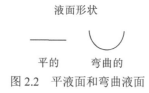

图 2.2　平液面和弯曲液面

这种现象既存在于海绵之类的简单系统中，也存在于更复杂的系统中，如储层中的水或油的流动、树木中水分的上升以及动脉的血液流动。

液体和液体表面作用在许多常见的自然现象(如海洋、湖泊、河流、雨滴)中起着重要作用。在这些系统中，表面力很重要。因此，我们需要研究表面力及其对这些不同系统的表面现象的影响。这意味着，与表面相比，我们还需要考虑体相中分子的结构。

从简单的几何层面可以看出，表面分子所处的力场与体相或气相中的分子不同，这些力被称为表面力。液体表面就像一个拉伸的弹性薄膜，因为它总是趋向于收缩。我们观察到，当从烧杯中倒出液体时，液体就会分解成球形的液滴。这表明，在新形成界面的表面上存在一些力，在这些力的作用下可以产生液滴。水滴变为球状与自然界中所有的变化都朝着降低能量的方向发展这一规律有关。对于表面分子的定性描述，我们可以确定地说，这些分子处于液相和气相之间的状态，这种不对称形成了表面区域的张力(只有几个分子的厚度)。当液体与固体(如地下水或油层)接触时，这些表面力变得更为重要。液体(如水或油)在地下小孔隙中的流动主要由毛细管力控制。研究发现毛细管力在许多系统中起主导作用。因此，液体与任何固体之间的相互作用会形成曲面，而弯曲液面的流体与平面流体不同，会产生毛细管力。

2.2　液体表面力

物理化学研究基于液体分子之间的相互作用，这些相互作用决定了液体的物理化学性质(如沸点、熔点、汽化热和表面张力)。因此可以在分子水平定性或定量描述物质的不同性质。这些概念是物质定量结构活性关系的基础(Kubinyi，1993；Hansch et al.，2002；Cronin，2004；Birdi，2003a，2013b，2016)。这种分析和应用的方法在计算机的帮助下变得越来越先进。

不考虑其他参数的影响，作用在任何两个分子之间的所有不同类型的力主要取决于这两个分子之间的距离(Birdi，1997，2016)。为进一步说明，可参考以下示例。我们可以(半定量地)估计液体和气体分子之间的距离。例如，对于水，以下数据是已知的(一个典型的例子，室温和常压下)：

液态水的摩尔体积

$$V_{液体} = 18mL/mol \tag{2.1}$$

水蒸气的摩尔体积

$$V_{气体} = 22L/mol \tag{2.2}$$

比率

$$\frac{V_{气体}}{V_{液体}} \approx 1000$$

因此，气体分子之间的近似距离大约是液相的 10 倍。固相之间的距离比液体(一般情况下)小约 10%。

换句话说，当表面由液相变化到气相时，水的密度变化了 1000 倍(图 2.3)。其他流体表现出几乎相同的特性。在液体表面的巨大变化意味着表面分子一定处于不同于液相或气相的环境中。气体分子之间的距离大约是液体分子的 10 倍，因此，气体分子之间的作用力比液体分子要弱得多(当分子之间的距离减小时，所有的力都会增加)。分子间所有的相互作用力(固相、液相和气相)都与分子之间的距离有关。这对所有液体都是一样的。实验表明，随着溶质的加入，液体的表面性质会发生变化。这是因为表面的溶质浓度可能与溶液内部浓度不同。

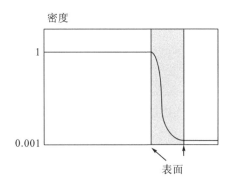

图 2.3 流体(水)表面密度的变化

例如，在室温和常压下，凝聚力使水保持在液体状态。当我们比较两种不同的分子时，如 H_2O 和 H_2S，这就变得很明显了。在室温和常压下，H_2O 是液体，而 H_2S 是气体。这意味着 H_2O 分子和分子间氢键有更强烈的相互作用以形成液相。而 H_2S 分子之间的相互作用要小得多，因此在室温和常压下处于气相。

在任何系统(固体、液体、固-液或液体$_1$-液体$_2$)中，如果表面区域发生变化，内部相的一些分子则必须移动到表面。与后者相关的表面能状况可以用下述经典例子来描述(Trevena，1975；Adamson and Gast，1997；Chattoraj and Birdi，1984；de Gennes et al.，2003；Birdi，1989，1997，2003a，2003b)。例如一个液体膜的面积，它在钢架中被拉伸的增量为 dA，由此表面能发生的变化为（γdA）（图 2.4）。利用这些假设，人们发现：

$$表面张力=\gamma \tag{2.3}$$

$$薄膜的面积变化=dA=ldx \tag{2.4}$$

$$x\,方向的变化=dx \tag{2.5}$$

$$fdx = \gamma dA \tag{2.6}$$

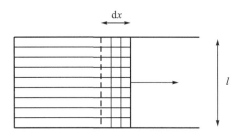

图 2.4　液体表面膜

或者

$$\gamma = f\left(\frac{dx}{dA}\right) = \frac{f}{2l} \tag{2.7}$$

其中，f 是反作用力；dx 是移动的距离；l 是膜的长度。

γ 表示液膜表面单位长度所受的力（mN/m），这个力被定义为表面张力或界面张力（interfacial tension，IFT）。实验表明，液体表面和靠近液体表面的分子比内部的分子离得更远。表面张力（γ）是自由能在恒温、恒压和恒组分条件下随表面积的变化而发生的微分变化。

我们用另一个例子来描述表面能。假设液体充满一个漏斗形状的容器。在漏斗中，如果液体向上移动，那么表面积就会增加。这就要求来自体相的一些分子必须移动到表面区域中，并产生额外的表面（A_S）。这样做需要的最大功为：力×面积=γA_S。这是恒定温度和压力下的可逆功，系统自由能因此增加：

$$dG = \gamma A_S \tag{2.8}$$

因此，在单个表面上单位长度的张力或表面张力 γ，其数值等于每单位面积的表面能。那么，单位面积的表面自由能是 G_S：

$$G_S = \gamma = \left(\frac{dG}{dA_S}\right) \tag{2.9}$$

在可逆条件下，由物体的热量（q）得出表面熵 S_S：

$$dq = TdS_S \tag{2.10}$$

结合这些方程，我们发现：

$$\frac{\mathrm{d}\gamma}{\mathrm{d}T} = -S_\mathrm{S} \tag{2.11}$$

此外，

$$H_\mathrm{S} = G_\mathrm{S} + T_\mathrm{S} \tag{2.12}$$

我们也可以表示表面能 E_S：

$$E_\mathrm{S} = G_\mathrm{S} + T_\mathrm{S} S_\mathrm{S} \tag{2.13}$$

它们之间的关系为

$$E_\mathrm{S} = \gamma - T\left(\frac{\mathrm{d}\gamma}{\mathrm{d}T}\right) \tag{2.14}$$

人们发现，与其他任何热力学量相比，E_S 能够提供更多关于表面现象的有用信息(Chattoraj and Birdi，1984；Adamson and Gast，1997)。E_S 的值总是为正，因为式 (2.14) 中右边的量总是为正。因此，S_S 是每平方厘米的表面熵。这表明，为了改变液体或固体的表面积，需要考虑改变表面能(γ 为表面张力)。

γ 的数值意味着创造 $1\mathrm{m}^2 (=10^{20}\text{Å}^2)$ 的新水面需要消耗 72mJ 的能量。要将水分子从体积相转移到表面(周围被 10 个水分子约 $7k_\mathrm{B}T$ 包围，$k_\mathrm{B}T=4.12\times10^{-21}\mathrm{J}$)，需要断裂一半的氢键(即 $7/2 \cdot k_\mathrm{B}T = 3.5k_\mathrm{B}T$)。因此，一个水分子(面积为 12Å^2)的自由能约为 $10^{-20}\mathrm{J}$(约 $3k_\mathrm{B}T$)。在这些假设下，这些数值大小是合理的。

此外，我们还发现，如果固体的表面积增加[如通过破碎，即机械能的输入或类似情况(如形成裂缝)]，则需要考虑一些类似的因素。在后一种情况下，需要测量和分析固体的表面张力(第 4 章)。实验表明，粉碎固体所需的能量与表面力(即固体表面张力)有关。因此，在许多实际情况下(如页岩气储层)，需要使用液体和固体的 γ 来描述体系的表面化学。

2.3 液体的拉普拉斯方程

实验表明，流体在多孔介质中的流动，最重要的参数是毛细管力。一个多世纪以来，有许多文献都对其进行了深入的研究(Scheludko，1966；Goodrich et al.，1981；Birdi，1999；Somasundaran，2015)。分析液体与固体的接触表面具有重要意义。对于润湿性方面的问题，每个人都注意到玻璃容器壁附近的水往往会上升，这是因为这种液体的分子有很强的黏附在玻璃上的倾向。能够润湿的液体会形成凹面(如水/玻璃)；不能润湿的液体会形成凸面(如水银/玻璃)。内径小于 2mm 的内管称为毛细管，可润湿液体在其表面形成凹形弯曲液面，液体沿管壁上升。相反，不可润湿液体形成凸形弯曲液面，其液面趋于下降。当毛细管对液体的吸引力与管内液柱所受的重力相等时，达到平衡。液体在毛细管中的上升或下降被称为毛细管作用（毛细管力）。我们注意到，一个大烧杯内的液体表面几乎是平坦的，然而，在细管内液体表面是弯曲的（图 2.5）。液面上升的高度取决于曲率半径，狭窄细管内液面上升较高。这种现象在日常生活中非常重要。例如，在油气开采中，最重要的特征是储层岩石的孔隙大小（这决定了毛细管力）。本节的主题是讨论这一现象的物理学本质。

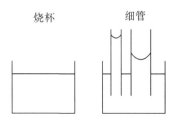

图 2.5　大烧杯和细管内的水面

液体表面的力学平衡已被研究了一个多世纪。液体表面被假想为一种拉伸膜，这种膜的表面有一种张力，叫作表面张力（Adamson and Gast，1997；Chattoraj and Birdi，1984；Birdi，1989，2003a，2003b，2016；Shou et al.，2014）。在一个微小过程的实际系统中：

$$dW = PdV + P'dV' - \gamma dA \tag{2.15}$$

其中，dW 是体积 dV 和 dV' 改变时系统所做的功；P 和 P' 分别是 α 和 β 两相在平衡状态时的压力；dA 是界面面积的变化。

界面功的符号通常被指定为负（Chattoraj and Birdi，1984；Adamson and Gast，1997；Somasundaran，2015）。液体表面的基本特性是它们倾向于收缩到可能的最小面积，这种特性可以在小液滴中观察到。在石油或天然气储层中，采收率主要取决于界面张力。在多孔介质中引发液体流动所需的压力与拉普拉斯毛细管力（Birdi，2016）有关。在不存在重力效应的情况下，这些曲面由拉普拉斯方程描述。拉普拉斯方程将机械作用力描述为（Adamson and Gast，1997；Chattoraj and Birdi，1984；Birdi，1997）

$$P - P' = \gamma \left(\frac{1}{r_1} + \frac{1}{r_2} \right) \tag{2.16}$$

$$= 2 \left(\frac{\gamma}{r} \right) \tag{2.17}$$

其中，r_1 和 r_2 是曲率半径（在椭圆的情况下）；r 是球面界面的曲率半径。

方程（2.17）的曲面是面积最小的曲面，这是一个几何事实。因此，给出以下方程式：

$$dW = Pd(V + V') - \gamma dA \tag{2.18}$$

$$= PdV^t - \gamma dA \tag{2.19}$$

其中，$P=P'$ 适用于平面；V^t 是系统的总体积。

可以看出，由于液体表面张力的存在，在弯曲的液体界面(如液滴或气泡)之间存在压力差。这种毛细管力将在后面进行分析。如果将毛细管浸入水中(或任何流体)并施加适当的压力，就会形成气泡。这意味着气泡内部的压力大于大气压力。因此，与平液面相比，曲面液体表面引起的效应需要用特殊的物理化学分析。必须注意的是，在这个系统中，机械力引起了液体表面的变化，引起这种现象的力叫作毛细管力。那么，人们可能会问，对于固体来说，是否也需要类似的考虑呢？实验表明，固体表面也表现出表面张力(第4章)。例如，要除去多孔介质(如海绵)中的液体，就需要施加与这些毛细管力相等的力。

如图2.6所示，施加合适的压力 γP，以获得半径为 R 的气泡，其中液体的表面张力为 γ。

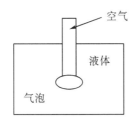

图2.6 液体中气泡的形成

让我们考虑一个通过施加压力 $P_{内部}$ 来增大气泡的情况。气泡表面积增加 dA，体积增加 dV。这意味着要克服两种相反的作用：体积的膨胀和表面积的扩大。所做的功可以表示为克服表面张力所做的功和增加体积所做的功。在平衡状态下，这两种功之间存在以下关系：

$$\gamma dA = (P_{气体} - P_{液体})dV \tag{2.20}$$

其中，$dA = 8\pi RdR (A = 4\pi R^2)$；$dV = 4\pi R^2 dR (V = 4/3\pi R^3)$。
结合这些关系，有

$$\gamma 8\pi RdR = \Delta P 4\pi R^2 dR \tag{2.21}$$

和

$$\Delta P = \frac{2\gamma}{R} \tag{2.22}$$

其中，$\Delta P = P_{气体} - P_{液体}$。由于在平衡状态下系统的自由能是常数($\Delta G = 0$)，因此系统中的这两个变化是相等的。如果将同样的考虑应用到肥皂泡中，那么 $\Delta P_{气泡}$ 的表达式将是

$$\Delta P_{气泡} = P_{内部} - P_{外部}$$

$$= \frac{4\gamma}{R} \tag{2.23}$$

由于现在存在两种界面，因此需要考虑将影响因数改为 2 倍。施加的压力需要系统做功，气泡的产生导致流体的表面积增加。拉普拉斯方程将任何弯曲液面上的压力差、曲率、1/R 和表面张力 γ 联系起来。在存在非球面曲率的情况下，可以得到更为一般的方程：

$$\Delta P = \gamma \left(\frac{1}{R_1} + \frac{1}{R_2} \right) \tag{2.24}$$

还可以看出，在球状气泡的情况下，由于 $R_1 = R_2$，该方程与式(2.17)相同。因此，在空气(或气相)中的液滴，拉普拉斯压力是液滴内的压力 P_L 和气体压力 P_G 的差值(图 2.7)。

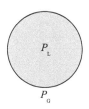

图 2.7　液滴和 ΔP(在弯曲的液气界面)

$$P_L - P_G = \Delta P \tag{2.25}$$

$$= 2\gamma / R \tag{2.26}$$

例如，对于一个半径为 2μm 的水滴，ΔP 为

$$\Delta P = \frac{2 \times (72\,\mathrm{mN/m})}{2 \times 10^{-6}\,\mathrm{m}} = 72000\,\mathrm{N/m^2} = 0.71\,\mathrm{atm} \tag{2.27}$$

由此得出一个重要结论，由于压强不同，当两个液滴邻近时会变得不再稳定。众所周知，压力会改变液体的蒸汽压。因此，ΔP 将影响蒸汽压力，并在不同的系统中产生不同的结果。这意味着当两个不同半径的水滴靠近时，较小的水滴会穿透较大的水滴(或气泡)。此外，由于蒸汽压力取决于半径，这将在涉及孔隙(不同尺寸)的不同系统中引起不对称性。拉普拉斯方程可用于以下系统的分析：

(1)气泡或水滴(雨滴、内燃机、喷雾剂、雾)；

(2)油气藏的采收率；

(3)岩石中地下水的运动；

(4)生物现象[肺小泡、血细胞(即血液通过动脉的流动)、细菌和病毒]。

拉普拉斯方程和毛细管力在各种应用中的重要作用已在文献中有所报道。例如，在油气藏中，孔隙是非常小的(附录Ⅰ)。由于 ΔP 较大，推动流体通过岩石就需要更大的压力。

另一个重要的结论是，小气泡内的ΔP比具有相同γ的大气泡大。这意味着当两个气泡相遇时，较小的气泡将进入较大的气泡以产生一个新的气泡(图2.8)。这一现象在各种系统[如乳化稳定性、肺泡、采油和气泡特性(如香槟和啤酒)]中发挥重要作用。当两个液滴相互接触时也会观察到同样的现象，较小的液滴会合并到较大的液滴中。

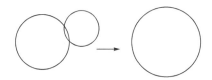

图2.8　液体中不同半径的两个气泡的聚结

另一个重要的例子是当两个气泡大小不同时(图2.9)，在该系统中，最初有两个不同曲率的气泡，打开阀门后，较小的气泡收缩，而较大的气泡(具有较低的ΔP)则增大(图2.9)，直到达到平衡(两个气泡的曲率大小相等)。

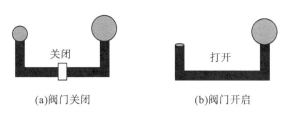

(a)阀门关闭　　　　　　　　(b)阀门开启

图2.9　不同半径的两个气泡的平衡状态

具有不同大小气泡(或液滴)的系统比大小完全相同的系统崩塌得更快。在采油过程中观察到另一个重要的现象(第5章)，石油生产(通常)是使用气体或水(或其他)注入施加压力来进行的。当注气或注水时，小孔隙区所需压力高于大孔隙区。因此，天然气或水会绕过小孔隙区而残留下石油(目前，在正常生产方法下，有30%~50%以上的石油无法回收)。这对未来的胶体与表面化学家来说显然是一个巨大的挑战。提高采收率的(enhance oil recovery, EOR)过程主要与这些表面现象有关(第5章)。在页岩储层也会观察到类似的现象，其基本的表面化学原理是相同的。

在工业中，可以利用气泡压力监测液体表面张力的大小。气泡通过毛细管泵入溶液中。测量的压力被校准到已知表面张力的溶液，因此，通过使用合适的商业设备和计算方法，人们可以非常精确地计算表面张力值。

以拉普拉斯压力的计算结果为例，当一个小水滴与一个大水滴接触时，前者会融合到后者中。另一方面是弯曲液面的蒸气压力P_{cur}大于平液面的蒸气压力

P_{flat}。导出弯曲液面和平液面之间压力的关系(开尔文方程)(Adamson and Gast，1997；Birdi，2016)：

$$\ln\left(\frac{P_{cur}}{P_{flat}} = (V_L / RT)(2\gamma / R_{cur})\right) \tag{2.28}$$

其中，P_{cur} 和 P_{flat} 分别是弯曲液面和平液面上的蒸气压，R_{cur} 是曲率半径；V_L 是液体的摩尔体积。

因此，这种关系表明，如果液体存在于多孔材料(如水泥或油气层)中，则不同半径的两个孔隙之间存在蒸气压差，在水泥中则会导致凝固过程的巨大差异(由不同尺寸孔隙中的不对称蒸气压引起)。通过添加表面活性剂，可以显著降低蒸气压的差值。在两种不同尺寸的固体晶体中也存在类似的气压差结果。较小尺寸的晶体将表现出较高的蒸气压，从而具有更快的溶解速率。此外，云中的水蒸气转变为雨滴也并不像看上去那么简单。形成一个大的液体雨滴需要一定数量的水分子在云中形成核，核或胚胎继续增大而形成水滴。

2.4　液体的毛细管力

液体在狭窄管道中的行为是涉及毛细管力的最常见的例子之一。实验表明，这种现象在许多不同方面都发挥着重要的作用(Birdi，2014；Somasundaran，2015)。实际上，液体曲率是最重要的物理表面特性之一，它的应用在大多数领域受到广泛关注，应用范围从静脉的血液流动到油藏的采油，织物的性能也受毛细管力(即湿润力等)的控制。当毛细管力将流体推入孔隙中时，海绵吸收水或其他流体，这也被称为芯吸过程(如烛芯)。事实上，人们可以将海绵中的液体流动与油气储层中的液体流动进行比较。

我们将一个狭窄的毛细圆管浸入液体中并对该系统进行分析。当液体润湿毛细管(如水和玻璃或水和金属)时，液体在毛细管中上升。毛细管内液体的曲率将导致管内液面与毛细管外相对平坦的液体表面之间形成压差(图 2.10)。

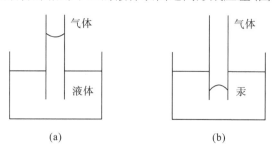

(a)   (b)

图 2.10　玻璃毛细管中的水上升(a)和汞下降(b)

表面张力为γ的流体润湿毛细管的内部，使毛细管力平衡。然而，如果液体是不湿润的（如玻璃中的汞），那么液面就会下降。液体分子之间的相互吸引力和液体分子与毛细管间的吸引力差异造成了毛细管力，流体在狭窄的管内上升高度为h，直到表面张力与管内升高的流体重量相等，平衡关系为

$$\gamma 2\pi R = 表面张力 \tag{2.29}$$

$$\rho_L g_g h\pi R^2 = 毛细管中的流体重量 \tag{2.30}$$

其中，γ是液体的表面张力；R是曲率半径。

当毛细管内径狭窄到小于 0.5mm 时，曲率可设置为毛细管半径。流体在管道内上升，以平衡表面张力。因此，在平衡时，我们得

$$\gamma = 2R\rho_L gh \tag{2.31}$$

其中，ρ_L是流体密度；g是重力加速度；h是管中液体上升的高度。

水（γ=72.8mN/m，ρ=1000kg/m^3，g=9.8m/s^2）上升的高度为

- 在半径为 1m 的毛细管中上升 0.015mm
- 在半径为 1cm 的毛细管中上升 1.5mm
- 在半径为 0.1mm 的毛细管中上升 14cm

该数据表明，毛细管力对于多孔材料具有重要意义。

为获得更高准确度需将理想参数加以修正。这些修正的数据可以在已发表的文献中找到（Adamson and Gast，1997）。这种现象对于那些茎长得很高的植物来说是很重要的。

在某些特定的情况下，若接触角θ不为零，则等式将变为

$$\gamma = 2R\rho_L gh\frac{1}{\cos\theta} \tag{2.32}$$

可见，当液体润湿毛细管壁时，接触角的大小为 0°，cos0°=1。就汞而言，接触角为 180°，因为它是一种非湿润流体（图 2.10）。由于 cos180°=−1，则方程（2.32）中 h 的值为负数。这意味着汞在玻璃管中的高度会下降。因此，管中液体的升降将由$\cos\theta$决定。

因此，对于液体存在于多孔环境中的情况，毛细管力发挥着重要作用。

利用拉普拉斯方程（2.21）（1/半径=1/R）也可以得到类似的结果：

$$\Delta P = 2\gamma / R \tag{2.33}$$

液体上升到高度 h，系统达到平衡，有如下关系：

$$\frac{2\gamma}{R} = hg_g\rho_L \tag{2.34}$$

这可以改写为

$$\gamma = \frac{1}{2}R\rho_L g_g h \tag{2.35}$$

由此可见，毛细管中液柱的升高是由各种表面力引起的。表面张力越小，毛细管中液柱的高度越低。

γ 的大小由已知 ρ_L 的流体的 h 的测量值确定。h 的大小可以通过使用合适的设备（如摄影图像）直接测量。

此外，我们知道在现实生活中，毛细血管或孔隙并不总是圆形的。实际上，人们认为在油藏中，孔隙多为三角形或正方形，而不是圆形。在这种情况下，我们可以测量其他形状毛细管中液面的上升，如矩形或三角形（Birdi et al.，1988；Birdi，1997，2003a，2003b）。

这些研究为采油或水处理系统提供了许多重要的信息。在任何流体流经多孔材料时，毛细管力都是最主要的因素之一。此外，众所周知，植物依赖于毛细管力（和渗透压力）将水带到植物的较高部位。

2.5 气泡和泡沫的形成因素

有趣的是，人们发现某些体系在很多方面都有应用。肥皂溶液中气泡的结构和形成是这些特殊体系中的一种。每个人都能很快认出肥皂泡，这是我们从小就熟知的现象。从啤酒或洗衣机到湖泊或海洋的海岸，泡沫是另一种常见的现象。气泡和泡沫的形成以及它们的稳定性已得到了广泛的研究（Lovett，1994；Scheludko，1966；Rubinstein and Bankoff，2001；Birdi，1997，2016）。众所周知，肥皂泡非常薄而且不稳定。尽管如此，在特殊条件下，肥皂泡可以长时间存在，这使得人们可以研究它们的物理特性（厚度、成分、电导率、光谱反射等）。

气泡和泡沫形成的方法：

- 摇匀纯水：不形成泡沫或气泡
- 摇匀肥皂溶液：形成泡沫和气泡

对气泡的研究非常重要，因为这可以让我们了解液体表面分子的结构（第 7 章）。大多数情况下，气泡在初始状态下厚度超过几百微米。该薄膜由两层表面活性剂包裹一层溶液所组成，膜层厚度随时间的推移而减小，这是由于：

- 液体从薄膜中流出
- 蒸发

因此，这种薄膜的稳定性和寿命将取决于这些不同的特性。我们发现：当一个气泡在肥皂或表面活性剂溶液的表面下被吹起时，它就会上升到表面。如果速度很慢，它可能会停留在水面上，或者像肥皂泡一样逃逸到空中。实验表明，肥皂泡由非常薄的液体薄膜构成。但是随着液体的流失，厚度减小，仅相当于两个表面活性剂分子加上几个水分子。

值得注意的是，极限厚度是指两个或多个表面活性剂分子的厚度。这意味着可以用肉眼看到薄液膜的分子尺寸结构(如果是弯曲的)。

当气泡进入表面区域时，肥皂分子被推起，当气泡分离时，它会留下一层薄薄的液体薄膜，并具有以下特征(各种测量结果表示)：

- 肥皂在外部含有水相区域的双层结构(大约 200Å 厚)
- 初始肥皂泡的厚度为几微米
- 肥皂泡的厚度随着时间的推移而减小，开始观察到彩虹的颜色，因为反射光的波长与气泡的厚度(几百 Å)相同
- 最薄的液体薄膜主要由两层表面活性物质(如肥皂泡厚度=50Å)和一些水层组成，光的干涉和反射研究显示了这些薄膜的许多性质

肥皂泡沫的彩虹色由反射光波的干涉产生。来自外表面和内层的反射光产生这种干涉效应。当气泡厚度由于水分的蒸发而减小时，可以观察到彩虹的颜色。较厚的薄膜反射更多的红光，因此人们会观察到蓝绿色。较薄的薄膜抵消了黄色的波长，可以观察到蓝色。当厚度接近光的波长时，所有的颜色都被抵消，并且观察到所谓的黑色(或灰色)薄膜，此时厚度约为 25nm(250Å) (Scheludko, 1966；Birdi, 2016)。透射光强度 I_{tr}、入射光强度 I_{in} 和反射光强度 I_{re} 之间的关系为

$$I_{tr} = I_{in} - I_{re} \tag{2.36}$$

日光由不同颜色的波长组成(Blomberg, 2007)，如表 2.1 所示。

表 2.1 不同颜色日光的波长

日光颜色	波长/nm
红色	680
橙色	590
黄色	580
绿色	530
蓝色	470
紫色	405

稍厚的肥皂膜(约 1500nm)有时看起来是金色的。在薄膜变薄过程中，许多颜色会逐渐消失。如果蓝色消失，薄膜就从琥珀色变为洋红色。

下面是一些肥皂泡沫制作的配方。

一般来说，可以使用表面活性剂溶液(浓度为 1~10g/L)。然而，为了产生稳定的气泡(即蒸发速度慢、振动效果稳定等)，使用了一些添加剂。一种常见的方法是：

- 表面活性剂(洗碗)：1~10g/L
- 甘油：小于 10%

- 水：剩余部分

另一种配方的成分如下(Lovett，1994)：

$$100g\ 甘油+1.4g\ 三乙醇胺+2g\ 油酸$$

气泡膜的稳定性描述如下：

- 气泡膜：水分蒸发
- 膜内水分流出
- 气泡膜的稳定性

密闭容器中存在气泡可减少液体蒸发。在这种封闭系统中，气泡在很长一段时间内保持稳定。水从薄膜中流出速度取决于流体的黏度。因此，类似甘油(或其他增稠剂)的添加剂有助于增强气泡稳定性。

2.6　液体表面张力的测量

对于液体，表面张力是基本的物理性质。因此，为了描述其表面性质，必须了解表面张力数据。显然，液体表面张力的测量是一项重要的分析。我们可以选择的测量方法取决于系统和实验条件(以及所需的准确性)。例如，液体是水(在室温下)，那么该方法与熔融金属(非常高的温度，约 500℃)所用的方法是不同的。这些不同的系统和方法将在本节中进行介绍。

2.6.1　液滴重量及形状法

液体流经细管形成液滴是生活中常见的现象。液体流过圆管时形成的液滴如图 2.11 所示。

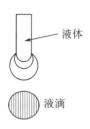

图 2.11　在管末端形成液滴

在许多过程中(如采油、血液流动和地下水)，液体会流经细(微米直径)的非圆形管道或孔隙。已有相关文献研究类似体系。

在其他情况下，如喷墨喷嘴的液滴形成，属于具有科学挑战性的技术。喷墨打印机的质量要求很高，以至于这种按需滴墨技术成为许多工业技术研究的主题。所有的内燃机都受到油滴形成、流动和蒸发特性的控制。毛细管力在这类系统中的重要作用显而易见。随着液滴变大，它会在某一阶段从管中脱离（由于重力大于表面力），临界值即为可以使水滴保持悬挂的最大重量。

液滴重量恰好等于分离表面能的平衡态为

$$m_{\mathrm{m}} g = 2\pi R Y \tag{2.37}$$

其中，m_{m} 是分离时液滴的质量，R 是管的半径。

一种简单的方法是测量数滴（至少 10 滴）液滴的重量。

还可以使用更方便的方法来抽吸流体并收集和称量水滴。由于在某些系统（溶液）中可能存在动力学效应，所以必须尽可能小心保持流速缓慢。这种方法对于研究日常生活中的系统是非常有用的，如油流动和血细胞通过动脉的流动。在可用液体量有限的情况下，能够使用这种方法。通过减小管道的直径，可以在小于 1mL 的液体量下进行测量。

人们可以采用最大重量法或液滴形状法来确定 γ 的大小。

2.6.1.1　最大重量法

"分离"方法是将物体从浸湿表面的液体中分离出来。当液滴掉落时，必须克服同样的表面张力。脱离时附着在固体表面上的液体产生以下表面：

- 初始阶段：液体附着在固体上
- 最终阶段：液体与固体分离

从初始到最终阶段的过程中，靠近固体表面的液体分子被移开，然后靠近其他液体分子，使其发生所需的力与接触的表面积和液体表面张力成正比。该方法的优点是可以选择具有最方便形式和尺寸的物体（铂棒、环或板），以便能够快速地进行测量，且不影响测量的准确性。"分离"法也适用于表面张力随时间变化的液体。

2.6.1.2　液滴形状法（悬滴法）

这种方法是对一系列现象最通用的方法之一。

液体流经管子时形成液滴（图 2.12）。液滴脱离管子之前的一个阶段，悬垂液滴的形状被用来估计 γ。拍摄液滴形状，由形状的直径可以准确地确定 γ。

需要的参数如下。两个有效直径之比为

$$S = \frac{d_{\mathrm{s}}}{d_{\mathrm{e}}} \tag{2.38}$$

其中，d_{e} 是液滴横径；d_{s} 是与液滴尖端距离为 d_{e} 时的横径（图 2.12）。

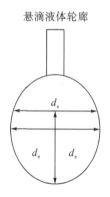

图 2.12　垂滴液（形状分析）

γ、d_e 和 S 之间的关系为

$$\gamma = \frac{\rho_L g d_e^2}{H} \tag{2.39}$$

其中，ρ_L 是液体的密度；H 与 S 相关，从实验数据中得到了不同 S 所对应的 $1/H$ 值。例如，当 $S=0.3$ 时，$1/H=7.09837$；当 $S=0.6$ 时，$1/H=1.20399$。已有研究使用精确的数学函数来估算给定 d_e 值的 $1/H$（Adamson and Gast，1997；Frohn and Roth，2000；Birdi，2003a，2003b）。在大多数体系中，特别是在极端条件下（如高温和高压）进行实验时，0.1%的精度是能够接受的。悬滴法在特定条件下非常有用：

(1)从技术上讲，只需要一滴（几微升），如可以研究滴眼液；

(2)它可以在非常极端的条件下使用（极高温度或腐蚀性液体）；

(3)适用于高温高压。

油层通常是在 100℃和 300atm 压力下发现。使用具有光学透明窗的高压高温容器（蓝宝石窗口片 1cm 厚，耐压高达 2000atm）可方便地研究这类系统的表面张力。例如，可以使用该方法测量高温（约 1000℃）下无机盐的表面张力，还可以根据各种参数（温度、压力、添加剂如气体等）来研究表面张力的变化。

2.6.2　威廉密吊片法

到目前为止所讨论的方法或多或少都需要标准溶液，或者对相应的"理想"方程进行修正。此外，如果需要连续测量，使用这些方法（如毛细管上升法或气泡法）并不容易。测量表面张力最有用的方法是众所周知的威廉密（Wilhelmy）吊片法。如果将一片板状金属浸入液体中，表面张力就会产生切向力（图 2.13）。这是因为在板和液体之间形成了一个新的接触相。

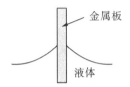

图 2.13　液体中的 Wilhelmy 板(板尺寸：长度$=L_p$，宽度$=W_p$)

测量的总质量 W_{total} 为

$$W_{total} = 板的质量 + \gamma \times 板的周长 - 浮力 \tag{2.40}$$

表面力将沿着板的周边[即长度(L_p)+宽度(W_p)]起作用。这种板材通常非常薄(小于 0.1mm)，由铂制成，但也可以使用玻璃、石英、云母和滤纸制成的板。作用在板上的力包括向下的重力和表面张力，以及由于排水量上升而产生的向上的浮力。对于尺寸为 L_p 和 W_p，以及材料密度为 ρ_p 的矩形板，在密度为 ρ_L 的液体中浸入深度 h_p 时，所受的合力 F 由以下方程给出[即板的重量+表面力($\gamma \times$板的周长-浮力)]：

$$F = \rho_p g\left(L_p W_p t_p\right) + 2\gamma\left(t_p + W_p\right)\cos\theta\rho_L g\left(t_p W_p h_p\right) \tag{2.41}$$

其中，γ 是液体的表面张力；θ 是液体在固体板上的接触角；g 是引力常数。

板的重量是恒定的，并且可以被测量。如果所使用的板非常薄(即 $t_p \ll W_p$)，并且板由于浮力而向上的漂移可忽略(即 h_p 几乎为零)，则可以得出

$$\gamma = \frac{F}{2W_p} \tag{2.42}$$

使用这种方法测定表面张力的灵敏度非常高[±0.001dyne/cm(mN/m)](Birdi, 2003a)。表面张力的变化(表面压力=Π)是通过测量固定板在清洁表面和存在单层分子膜的同一表面之间的 F 的变化来确定的。如果板完全被液体润湿(即 $\cos\theta = \cos0 = 1$)，则从以下方程可以求出表面压力：

$$\Pi = \left[\frac{\Delta F}{2}\left(t_p + W_p\right)\right] = \frac{\Delta F}{2}W_p, W_p \gg t_p \tag{2.43}$$

因此，使用厚度为 0.1～0.02mm 的板，能够以非常高的灵敏度测量表面张力。在实践中，使用已知尺寸(长度为 1.00cm 或 2.00cm)的非常薄的铂板，可以用纯水和乙醇等纯液体来校准仪器。使用一个非常薄的板并且尽可能少地将板浸入液体来使浮力校正忽略不计。通过使用简便的商业化产品可以令人非常满意地实现威廉密板的润湿。若板几乎完全润湿，即 $\theta = 0$。这种力是通过测量板材质量的变化来确定的，而板材质量的变化直接耦合到灵敏的电子天平上。

2.7 一些典型液体的表面张力数据

对液体表面张力的一些数据进行分析是非常有用的,这将使人们能够理解分子的结构与其表面张力之间的关系。表 2.2 给出了不同液体表面张力的数值。本节简要分析这些数据。

表 2.2 常用液体表面张力值

液体	表面张力/(mN/m) (20℃)
1,2-二氯乙烷	33.3
1,2,3-三溴丙烷	45.4
1,3,5-三甲基苯(均三甲苯)	28.8
1,4-二氧六环	33.0
1,5-戊二醇	43.3
1-氯丁烷	23.1
1-癸醇	28.5
1-硝基丙烷	29.4
1-辛醇	27.6
丙酮(2-丙酮)	25.2
苯胺	43.4
2-氨基乙醇	48.9
邻氨基苯甲酸乙酯	39.3
邻氨基苯甲酸甲酯	43.7
苯	28.9
苯甲醇	39.0
苯甲酸苄酯(BNBZ)	45.9
溴苯	36.5
溴仿	41.5
丁腈	28.1
正丙醇	23.39
正丁醇	24.37
正戊醇	25.33
正己醇	25.90
二硫化碳	32.3
喹啉	43.1

续表

液体	表面张力/(mN/m)(20℃)
氯苯	33.6
氯仿	27.5
环己烷	24.9
环己醇	34.4
环戊醇	32.7
对伞花烃	28.1
十氢萘	31.5
二氯甲烷	26.5
二碘甲烷	50.8
1,3-二丙甲烷	46.5
二甘醇	44.8
二丙二醇	33.9
二丙二醇单甲醚	28.4
十二烷基苯	30.7
乙醇	22.1
乙苯	29.2
溴乙烷	24.2
乙二醇	47.7
甲酰胺	58.2
富马酸二乙酯	31.4
糠醛(2-糖醛)	41.9
甘油	64.0
乙二醇单乙醚(乙基溶纤剂)	28.6
六氯丁二烯	36.0
碘苯	39.7
异戊基氯	23.5
异丁基氯	21.9
异丙醇	23.0
异丙苯	28.2
异戊腈	26.0
间硝基甲苯	41.4
汞	425.4
甲醇	22.7
甲乙酮(MEK)	24.6

续表

液体	表面张力/(mN/m)(20℃)
甲基萘	38.6
N,N-二甲基乙酰胺(DMA)	36.7
N,N-二甲基甲酰胺(DMF)	37.1
N-甲基-2-吡咯烷酮	40.7
正癸烷	23.8
正十二烷	25.3
正庚烷	20.1
正十六烷	27.4
正己烷	18.4
正辛烷	21.6
正壬烷	22.4
正十四烷	26.5
正十一烷	24.6
正丁基苯	29.2
正丙苯	28.9
硝基乙烷	31.9
硝基苯	43.9
硝基甲烷	36.8
邻硝基甲苯	41.5
全氟庚烷	12.8
全氟己烷	11.9
全氟辛烷	14.0
异硫氰酸苯酯	41.5
邻苯二甲酸二乙酯	37.0
聚乙二醇200(PEG)	43.5
聚二甲基硅氧烷	19.0
丙醇	23.7
吡啶	38.0
3-吡啶甲醇	47.6
吡咯	36.6
对称-四溴乙烷	49.7
叔丁基氯	19.6
对称-四氯甲烷	26.9
四氢呋喃(THF)	26.4

续表

液体	表面张力/(mN/m) (20℃)
硫二甘醇	54.0
甲苯	28.4
磷酸三甲酚酯(TCP)	40.9
水	72.8
邻二甲苯	30.1
间二甲苯	28.9
α-溴代萘	44.4
α-氯代萘	41.8
汞	425.4
钠(100℃)	206.0
正己烷	18.43
正庚烷	20.14
正辛烷	21.62
正十六烷	21.47

已有一些文献解释了表面张力数据和分子结构的差异(Adamson and Gast，1997；Chattoraj and Birdi，1984；Birdi，1997，2003a，2003b，2016)。例如，汞的表面张力很大，因为(在室温和常压下)它是一种沸点很高的液态金属。这一观察结果表明，需要大量的能量才能破坏汞原子之间的化学键以引起蒸发，因此，汞的表面张力值很高。同样，氯化钠在液态状态下(在高温和 1atm 压力下)的表面张力也很高。液态金属(在高温下)也是如此。短链烷烃的表面张力值低于长链烷烃。

对于烷烃，烷基链长度从 10 增加到 12(正癸烷的 γ 值为 23.83mN/m；正十二烷的 γ 值为 25.35mN/m)，增加两个—CH_2—基团，表面张力 γ 的数值增加了 1.52mN/m。

对于醇类，如乙醇和丙醇的 γ 值分别为 22.1mN/m 和 23.7mN/m。每增加一个—CH_2—基团，γ 的变化值为 23.7-22.1=1.6mN/m。这些观察表明同系列物质的体积力和表面力(表面张力 γ)之间具有分子相关性。

2.8 温度和压力对液体表面张力的影响

所有的自然过程都受体系所处温度和压力影响。例如，石油和天然气储层通常是在高温(约 100℃)和高压(200atm 以上)环境中发现的。在页岩气压裂中，化学过程是在高压和高温下进行的。在压裂过程中，液-固-气界面也处于相同条件下。

人类认识到温度(太阳)和压力(地震)在影响地球的自然现象时产生的巨大变化。即使在地球表面,温度也在-50℃和50℃之间变化。另一方面,从地球表面到地球中心(约 5000km),地幔温度和压力随之增加。地核处在大约 6000℃高温和巨大压力之下(每 1km 深度增加约 100 个大气压)。

表面张力与液体(表面)中的内力有关,因此我们期望它与内部能量有关。此外,我们发现表面张力总是随着温度的升高而减小。表面张力γ是一个能被精确测量的量,可用于分析各种表面现象。如果产生一个新的表面,那么在液体的情况下,来自体相的分子必然移动到表面。创建额外表面积 dA_S 所做的功如下:

$$dG_S = \gamma dA_S \tag{2.44}$$

单位面积的表面自由能 G_S 为

$$G_S = \gamma = \left(\frac{dG}{dA_S}\right)_{T,P} \tag{2.45}$$

因此,其他热力学表面量将是表面熵 S_S:

$$S_S = -\left(\frac{dG_S}{dT}\right)_P \tag{2.46}$$

$$= -\left(\frac{d\gamma}{dT}\right) (总是一个正数) \tag{2.47}$$

表面焓 H_S:

$$H_S = G_S + TS_S \tag{2.48}$$

所有的自然过程都受到温度和压力的影响。例如,在高温(约 80℃)和高压(100~400atm,取决于深度)环境中发现油藏。因此,必须利用这些参数研究这些系统。自由能 G、系统的焓 H 和熵 S 之间的方程如下:

$$G = H - TS \tag{2.49}$$

这个方程涉及任何系统的基本热力学量。随着温度的升高,预计稳定液体的分子力会减小。实验还表明,在所有情况下,表面张力随温度的升高而降低。

液体的表面熵由($-d\gamma/dT$)表示。这意味着在较高的温度下熵是正的($d\gamma/dt$的符号对于所有液体总是负的)。不同液体的表面张力随温度升高而下降的速率是不同的(附录Ⅰ)。

例如,水的表面张力γ为:

- 5℃,75mN/m
- 25℃,72mN/m
- 90℃,60mN/m

这表明,任何液体的γ值都随温度的升高而减小,这种性质与物质的其他物理性质，如沸点、熔点和汽化临界点的热(压力和温度)一样特殊。结果表明，表面张力与压力和温度有关。大量精确的水的γ值数据被拟合为以下方程(Birdi，2016)：

$$\gamma = 75.69 - 0.1413t_C - 0.0002985t_C^2 \tag{2.50}$$

其中，t_C为温度，其单位是摄氏度。该方程给出0℃下水的γ值为75.69mN/m，50℃下γ的值为(75.69-0.1413×50-0.0002985×50×50)≈60mN/m。此外，这些数据表明，随温度从25℃到60℃，水的γ减小：(72-60)/(90-25)≈0.19mN/m℃。还观察到，对于沸点较高的液体(如汞)，温度的影响将低于低沸点液体(如正己烷)。实际上，表面张力与汽化热(或沸点)之间存在关联。事实上，当比较冬季和夏季时，许多系统甚至表现出很大的差异(如雨滴、海浪和自然环境中的泡沫)。

不同的热力学关系式已被导出，可用于估算不同温度下的表面张力。特别是直链烷烃已被广泛地分析。结果表明，表面张力、温度与烷烃之间存在简单的相关关系。这使得人们可以在给定烷烃的任何温度下估算γ的值。这一发现应用于工业中的许多方面。此外，可以在给定的实验条件下对液体(烷烃)表面张力的变化进行广泛的定量分析(附录III)。

所有物质(固体或液体)都是由分子间作用力(在给定的温度和压力下)保持稳定状态的，力的大小与分子之间的距离有关，液体结构通过不同的分子力稳定，在石油和天然气储层中，存在高温高压系统，这就需要在这些条件下了解系统。为了理解液体是如何保持稳定的，人们曾多次尝试将液体的表面张力与蒸发潜热联系起来。有关学者提出了一个简单的理论(Stefan，1886；Chattoraj and Birdi，1984)，当一个分子从内部被带到液体表面时，克服表面附近的吸引力所做的功应与它进入稀缺(较低密度)蒸汽相时所花费的功有关(Adamson and Gast，1997；Birdi，1997，2002)。有人提出，前者所做的功约为后者的一半。根据拉普拉斯毛细管理论，吸引力作用的距离很小，相当于球体的半径，而在内部，分子在各个方向都受到相等的吸引而使合力为零。在表面，由于半球内的液体会受到一种力的作用，并且从内部带到半球时总分子引力的一半被克服，因此，将分子从体相带到液体表面所需的能量应当是使分子完全变成气相所需的能量的一半。从简单的几何理论考虑，一个球体可以被12个大小相同的分子包围，这相当于最密集的顶部(表面)单分子层半填充，下一层完全填充，旁另一侧则是松散的气相（气体分子之间的距离大约是液体或固体的10倍）。实验发现，液体中的分子间力液比固体中的分子间力弱几个数量级。

表2.3给出了不同物质的表面生成焓h_S与蒸发焓h_{vap}的比值。这些数据表明，具有近球形分子物质的比率接近1/2，而一端有极性基团的物质的比值则小得多。这种差异表明后者分子的方向是非极性端朝向气相，极性端朝向液相。换句话说，猜测带有偶极子的分子在气/液界面是垂直朝向的。

表 2.3　表面生成焓与蒸发焓之比

分子(液体)	h_S/h_{vap}
Hg	0.64
N_2	0.51
O_2	0.5
CCl_4	0.45
C_6H_6	0.44
$C_2H_5OC_2H_5$	0.42
ClC_6H_5	0.42
$HCOOCH_3$	0.40
$CH_3COOC_2H_5$	0.4
CH_3COOH	0.34
H_2O	0.28
C_2H_5OH	0.19
CH_3OH	0.16

注：h_S 是以尔格/分子表示的。

事实上，任何偏离斯忒藩(Stefan)定律的迹象都表明表面分子的取向与体相不同。这一观察结果对于理解表面现象很有用。

举个例子，我们可以从这个理论出发，用蒸发热的数据来估算液体的表面张力。表面分子的近邻数量约为体积相(12 个分子)的一半(6=12/2)。现在可以估计每个分子的体积和表面吸引能量的比率。例如，对于像 CCl_4 这样的液体：

$$摩尔蒸发能 = \Delta U_{vap} \tag{2.51}$$

$$= \Delta h_{vap} - RT$$

$$= 34000J/mol - 8.315J/(K \cdot mol) \times 298K \tag{2.52}$$

$$\approx 31522 \ J/mol$$

$$每个分子能量变化 = \frac{31522J/mol}{6.023 \times 10^{23}/mol} \approx 5.23 \times 10^{-20} \ J \tag{2.53}$$

假设当一个分子被转移到表面时获得大约一半的能量，那么就可以得到

$$分子表面能量 = 5.23 \times 10^{-20} \times (1/2)J$$

$$\approx 2.6 \times 10^{-20} \ J \tag{2.54}$$

表面的分子占据一定的面积，粗略地估计如下：

$$CCl_4 \ 的密度 = 1.59g/cm^3$$

$$摩尔质量 = 12 + 4 \times 35.5 = 154g/mol$$

$$摩尔体积 = \frac{154}{1.59} \approx 97cm^3/mol$$

$$每分子体积 = \frac{97 \times 10^{-6} \ m^3/mol}{6.023 \times 10^{23}/mol} \approx 1.6 \times 10^{-28} \ m^3$$

$$体积=4/3\pi R^3，球体半径=\left[1.6\times10^{-28}\Big/\left(\frac{4}{3}\pi\right)\right]^{1/3}\approx3.5\times10^{-10}\text{m}$$

$$每分子面积=\pi R^2=\pi(3.5\times10^{-10})^2\approx38\times10^{-20}\text{m}^2$$

$$\text{CCl}_4\text{的表面张力（计算）}=\frac{2.6\times10^{-20}\text{ J}}{38\times10^{-20}\text{ m}^2}\approx0.068\text{J/m}^2=68\text{mN/m}$$

CCl_4 的 γ 测量值约为 27mN/m（表 2.2）。这两个量之间的巨大差异可归因于在该示例中使用斯忒藩比率为 2 的理想假设。

2.9 液体 1（油）-液体 2（水）的界面张力

众所周知，油和水不能混合。然而，通过改变油-水边界处的界面力，可以将油分散在水中（反之亦然）。在油水界面上，存在油水界面张力，它可以用本章提到的一些方法来测量（例如液滴重量法，悬滴法，或威廉密吊片法）。另一个著名的短语是"相似分子相互吸引"（油分子吸引油，极性分子吸引极性分子）(Tanford，1980)。

表面张力分别为 γ_A 和 γ_B 的两种液体之间的界面张力为 γ_{AB}，在乳液和润湿系统中这部分是研究重点（Adamson and Gast，1997；Chattoraj and Birdi，1984；Somasundaran，2006）。有人提出了一种经验关系（Antonow 规则），通过该关系可以预测表面张力 γ_{AB}：

$$\gamma_{AB}=\left|\gamma_{A(B)}\gamma_{B(A)}\right| \tag{2.55}$$

该等式对 γ_{AB} 的预测是近似的，可以在大量系统（如烷烃：水）中应用，但有一些例外（如水：丁醇）（表 2.4）。例如：

$$\gamma_{水}=72\text{mN/m}(25℃)$$

$$\gamma_{十六烷}=20\text{mN/m}(25℃)$$

$$\gamma_{水-十六烷}=72-20=52\frac{\text{mN}}{\text{m}}(25℃)（测量值=50\text{mN/m}） \tag{2.56}$$

表 2.4 Antonow 规则和界面张力数据 （单位：mN/m）

油相	w(o)=饱和油的水相	o(w)=饱和水的油相	o/w=平衡态	[w(o)(-o=瞬态)]
苯	62	28	34	34
氯仿	52	27	23	24
醚	27	17	8	9
甲苯	64	28	36	36
正丙苯	68	29	39	40

油相	w(o)=饱和油的水相	o(w)=饱和水的油相	o/w=平衡态	[w(o)(-o=瞬态)]
正丁苯	69	29	41	40
硝基苯	68	43	25	25
异戊醇	28	25	5	3
正庚醇	29	27	8	2
二硫化碳	72	52	41	20
亚甲基碘	72	51	46	22

然而，通常情况下，当没有确切的数据时，可以使用它作为参考。这个模型基于非常简单的假设。Antonow 规则可以用一个简单的物理模型来理解。在液体 A 的表面应该有吸附膜或物质 B（具有较低表面张力的物质）的吉布斯单分子层。如果认为这种膜具有液体 B 的性质，那么 $\gamma A(B)$ 实际上是双相表面的界面张力，并且等于 $[\gamma_{A(B)} + \gamma_{B(A)}]$。

两种不混溶液体之间的界面张力可以通过不同的方法测量，具体取决于系统的特性：

- 威廉密吊片法
- 液滴重量法（也可用于高压和高温）
- 液滴形状法（也可用于高压和高温）

将威廉密板放置在水面上，加入油相，直到覆盖整个板块。仪器必须使用已知的界面张力数据进行校准，如水-十六烷（52mN/m，25℃）（表 2.5）。

表 2.5 水和有机液体之间的界面张力（20℃）

水/有机液体	界面张力/(mN/m)
正己烷	51.0
正辛烷	50.8
二硫化碳	48.0
四氯化碳	45.1
溴苯	38.1
苯	35.0
$C_6H_5NO_2$	26.0
乙醚	10.7
正癸醇	10
正辛醇	8.5
正己醇	6.8
苯胺	5.9

续表

水/有机液体	界面张力/(mN/m)
正戊醇	4.4
乙酸乙酯	2.9
异丁醇	2.1
正丁醇	1.6

　　液滴重量法是通过泵将水相输送到油相来实现的(反之亦然，视情况而定)。水滴沉到油相的底部。通过电子天平测量液滴的重量，并计算界面张力。如果选择正确的设置，精度可以非常高。

　　如果有少量的液体，或者涉及极端的温度和压力，液滴形状法(悬滴法)是最方便的。现代数字图像分析也使得这种方法很容易应用于极端情况。用蓝宝石窗口(1cm 厚；可在 2000atm 压力下操作)在高压条件下也可以观察。

3　水力压裂用表面活性剂

3.1　引　言

当流体(如水或油)在多孔介质(如油气储层、页岩储层、地下水或类似情况的介质)中流动时，存在界面张力(液固界面)。例如，由于毛细管力作用，从低渗透岩石中开采石油所需要的压力比从高渗透岩石中开采石油所需的压力高(Cernica，1982；Engelder et al.，2014；Birdi，2016)。所涉及的界面是：

- 液相(水、油)
- 固相(页岩等)

显然，在各种以水为主要流体的体系中，添加剂对表面张力(及相关性能)的影响是显著的。在水力压裂中，利用高压流体(水或其他液体)能取得显著的油气开采效果(Cahoy et al.，2013；Engelder et al.，2014)(附录Ⅰ)。基于基础研究结果，可以采用不同的添加剂来达到系统所需的特性。在这样的系统中所考虑的表面张力是：

- 液-固
- 固-固(断裂过程)

此外，与固体接触的流体状态的改变也将导致界面现象。在压裂过程中，流体首先在压力作用下被推入储层中。在压裂开始后，解吸的气体将流体(压裂液和储层中的盐水)推至井眼。因此，储层的润湿(第4章)将决定这一操作的特征。由于涉及大量流体(Engelder et al.，2014；Pagels et al.，2011；Striolo et al.，2012)，因此需要研究毛细管力和表面润湿能。

实验表明，当一种物质(称为溶质)溶解在液体中时，液体的物理性质会发生变化。研究发现，溶液的物理性质会随着浓度和其他参数的变化而变化。实验还表明，当溶质溶解在液体中时，液体表面张力的大小将发生变化(Chattoraj and Birdi，1984；Defay et al.，1966；Adamson and Gast，1997；Birdi，2014，2016；Somasundaran，2015)。此外，如果可以控制水的表面张力，表面张力作为重要特性的许多应用领域将受到巨大影响。

研究发现，有一些特定的物质被用来改变(即降低)水的表面张力，以便将这一特性应用于日常生活中某些有用的方面。如前所述，压裂液中含有已知的有助于裂缝形成的物质[表面活性断裂物质(SAFS)等](Rehbinder and Schukin，1972)。

实验表明，表面张力变化的大小和特征取决于加入的溶质及其浓度（Chattoraj and Birdi，1984；Adamson and Gast，1997；Defay et al.，1966；Scheludko，1966；Schramm，2010；Somasundaran，2015；Birdi，2016）。例如，在某些情况下，水溶液的表面张力增大（如加入 NaCl），而在另一些情况下，随着表面活性物质（SAS，如乙醇、甲醇、肥皂等）的加入，表面张力降低。表面张力 γ 的变化幅度可能很小（每摩尔增加）（如在无机盐的情况下），也可能较大（如在乙醇或其他皂样分子的情况下）。

添加溶质（以克每升计）后 γ 的变化：

- 无机盐：γ 的变化微小（增大）
- 乙醇或类似物：γ 的变化微小（减小）
- 肥皂或类似物：γ 的变化较大（减小）

表 3.1 是几种不同溶液的表面张力数据：

表 3.1　不同溶液表面张力

表面张力 γ/(mN/m)	表面活性剂（$C_{12}H_{25}SO_4Na$）浓度/%	乙醇浓度/%
72	0	0
50	0.0008	10
40	0.003	20
30	0.008	40
22		100

结果表明，若要将水的 γ 值从 72mN/m 降至 30mN/m，则需要加入 0.005mol 的十二烷基硫酸钠（SDS）或 40% 的乙醇，两种方法的原理不同，SDS 溶液属于表面活性剂，它们具有独特的物理化学性质，这些分子最重要的结构是存在疏水（烷基）基团和亲水（极性）基团（如—OH、—CH_2CH_2O—、—COONa、—SO_3Na、—SO_4Na、—CH_33N—等）。

不同极性基团如下。

离子基团：

- （带负电：阴离子）
- —COONa
- —SO_3Na
- —SO_4Na
- —(N)(CH$_3$)$_4$Br（带正电：阳离子）
- —(N)(CH$_3$)$_2$—CH$_2$—COONa（阴离子）

非离子基团：

- —$CH_2CH_2OCH_2CH_2OCH_2CH_2OH$
- —$(CH_2CH_2OCH_2CH_2O)_x(CH_2CH_2CH_2O)_yO$

- 因此，人们也称这些物质为两性分子(也是两亲性的)，意思是同时具有亲水和疏水部分，即烷基和极性基团。
- CCCCCCCCCCCCCCCCCCCC-O
- 烷基(CCCCCC)-极性基团(O)=两亲物质
- $(CH_3CH_2CH_2CH_2CH_2CH_2CH_2CH_2CH_2)$-极性

例如，表面活性剂溶解在水中可以使表面张力降低[即使在非常低的浓度(1~100mmol/L)时]。因此，这些物质也被称为表面活性剂分子(表面活性剂或表面活性物质)。另一方面，大多数无机盐增加了水的表面张力。所有的表面活性剂分子都是两亲性的，这意味着这些分子同时具有亲水性和疏水性。乙醇降低了水的表面张力，但要获得与使用微量表面活性剂相同的效果，每升水所加的乙醇需要超过几个摩尔。相比之下，甲醇或乙醇等有机分子的加入使水的γ值从72mN/m开始下降，且速度较慢。在纯乙醇中，γ值从72mN/m下降到22mN/m。当表面活性剂浓度为1~10g/L时，表面活性剂溶液的γ值降低到30mN/m。肥皂已经被人类使用了好几个世纪。在生物学中，人们发现了一系列的两亲物分子(胆盐、脂肪酸、胆固醇和其他相关分子，称为磷脂)。

必须指出的是，表面活性剂是最重要的物质之一，在日常生活中起着至关重要的作用。许多表面活性剂存在于自然界中(如胃中的胆汁酸，它们的性质与人造表面活性剂相同)。蛋白质是分子量为6000到100多万的大分子，溶解在水中也会降低γ的值。

表面活性剂的特征在于两亲性，两亲是一个希腊语，意思是两种都喜欢。两亲物质的一部分喜欢油并且是疏水的(或亲油的)，而另一部分喜欢水并且是亲水的(或疏脂)。亲水-亲油性这两部分之间的平衡，被称为亲水-疏水平衡(hydrophile lipophile balance，HLB)。HLB的值可以通过实验手段估算，理论分析使人们能够估计其数值(Adamson and Gast，1997；Holmberg，2002；Hansen，2000；Birdi，2007，2016)。HLB值在乳液加工业中得到应用。肥皂分子是由脂肪与强碱溶液反应而成(这一过程称为皂化)。在水溶液中，肥皂分子$C_nH_{2n+1}COONa$(n大于12~22)在高pH下解离成$RCOO^-$和Na^+。

除了通过SAS来降低γ外，离子电荷(零或负或正)也是影响表面特性的重要因素。后一种性质意味着SAS的水溶液的界面可以是：

- 零电荷
- 负电荷
- 正电荷

在许多应用中，人们发现有必要使用非离子表面活性剂。人们已经合成了许多种类的非离子表面活性剂，并且可以获得适合特定应用的特制表面活性剂。此外，由于非离子表面活性剂不带电，这种性质在其应用中十分重要。

3.2　水溶液的表面张力

当另一种物质(溶质)溶解时,任何纯液体(水或有机液体)的表面张力γ都会发生变化。γ的变化将取决于加入的溶质的浓度和特性。当添加无机盐(如 NaCl、KCl 或 Na_2SO_4)时,水的表面张力会增大(图 3.1),而当有机物质(乙醇、甲醇、脂肪酸、肥皂、表面活性剂)溶解时,表面张力降低(图 3.1)。

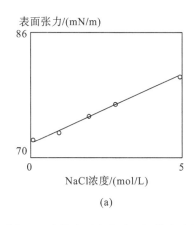
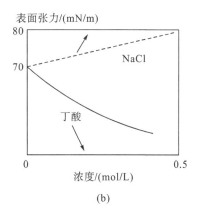

图 3.1　水的表面张力随添加的溶质(无机盐、表面活性剂)(NaCl、丁酸)而变化

当加入 1mol/L 的 NaCl 时,在 20℃时水的表面张力从 72mN/m 增加到 73mN/m。而当溶解 0.008mol/L SDS 时,表面张力从 72mN/m 下降到 39mN/m。

例如,丁酸溶液(200mmol/L)在水中的表面张力从 72mN/m(纯水)下降到 50mN/m(图 3.1)。与表面活性剂溶液相比,加入甲醇后水的γ值变化缓慢。甲醇-水混合物的γ数据(20℃)如表 3.2 所示。

表 3.2　不同浓度甲醇-水混合物表面张力

	甲醇浓度/%						
	0	10	25	50	80	90	100
γ/(mN/m)	72	59	46	35	27	25	22.7

在同系列的醇和酸的情况下,表面张力大小与烷基链长度之间存在一定关系(图 3.2)。在烷基链中每添加一个—CH_2—基团,对应的表面张力值如下。

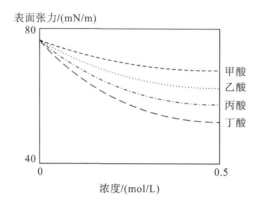

图 3.2　一些同系列短链酸在水中的表面张力数据

　　然而，实验表明，在非线性烷基链的情况下，这种关系将是不同的(Birdi，1997，2010b，2016)。在烷基链为非线性的情况下，—CH$_2$—带来的 γ 增加数值将比线性烷基链的低(约 50%)。叔—CH$_2$—基团效应甚至更小。然而，一般来说，人们会期望每摩尔物质的 γ 随着两亲物烃基的增加而增加。

　　链长对表面张力的影响源于这样的事实：随着每个—CH$_2$—基团的疏水性增加，两亲性分子在表面吸附得更多(附录Ⅲ)。这也是更复杂分子的普遍趋势，如蛋白质和其他聚合物。在蛋白质中，两亲性来源于不同种类的氨基酸(25 种不同的氨基酸)。有些氨基酸含有亲脂基团(如苯丙氨酸、缬氨酸、亮氨酸等)，而另一些氨基酸则含有亲水性基团(如甘氨酸、天冬氨酸等)(Birdi，2016)。事实上，人们从表面张力测量中发现，一些蛋白质(如血红蛋白)比另一些蛋白质[如牛血清白蛋白(bovine serum albumin，BSA)或卵清蛋白]的疏水性更强。相关研究人员已经对蛋白质的这些性质进行了广泛的研究(Tanford，1980；Chattoraj and Birdi，1984；Birdi，2016)。

3.2.1　表面活性物质(SAS)的水溶液

　　所有溶解在水中降低表面张力的分子统称为表面活性物质(肥皂、表面活性剂、醇、蛋白质)。这意味着 SAS 可以吸附在表面(具有高亲和力)并降低表面张力。如果将 SAS 添加到油水体系中，也会发生同样的情况。油水界面张力也相应减小。另一方面，无机盐会增加水的表面张力(少数例外，如尿素)。

　　表面活性剂(肥皂等)具有表面活性，这意味着它们的分子优先吸附在以下界面上：

- 空气-水
- 油-水

- 固体-水

由于疏水分子(烷基链或基团)比水相中的水分子更易被吸引到表面，因此表面张力降低。图 3.3 显示了在高浓度下 SAS 的单分子层形成。由于表面紧密填充的 SAS 看上去像烷烃，因此预计 SAS 溶液的表面张力将从 72mN/m(纯水表面张力)下降到类似烷烃的表面张力(接近 25mN/m)。

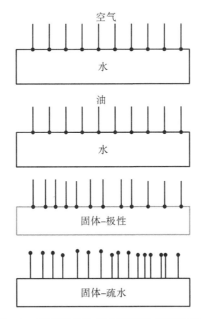

图 3.3　表面活性物质在不同表界面的取向

表面分子在界面上的取向取决于体系。如下所示：
- 空气-水：极性部分朝向水，烃部分朝向空气
- 油-水：极性部分朝向水，烃部分朝向油
- 固体-水：极性部分朝向水，烃部分朝向固体

换句话说，任何 SAS 的表面性质都将取决于：
- γ 的减小
- SAS 烷基的结构

与 NaCl 或乙醇等溶质相比，各种表面活性剂在水中的溶液性质在许多方面非常独特和复杂。在这一章中，将给出一些基本和实用的描述。要了解更多详细信息，建议读者查阅相关参考文献(Birdi，2002，2016；Tanford，1980；Rosen and Kunjappu，2012；Somasundaran，2015)。带电和不带电表面活性剂的溶解度非常不同，特别是与温度和盐(如 NaCl)有关的影响。当需要在不同的系统中应用这些物质时，这些特性十分重要。例如，人们不能在海水和淡水中使用相同的肥皂，主要原因是海水中

的盐(如 Ca^{2+}、Mg^{2+})影响 SAS 的发泡性能和溶解度。类似的，不能将非离子表面活性剂用于洗发水(仅使用阴离子表面活性剂)(Birdi，2003a)。

3.2.2　表面活性剂在水中的溶解度

已知环境温度和压力对于溶解度特性的影响非常重要。几乎在所有的工业应用中，人们都需要了解在不同温度和压力下所使用的化学品性质。例如，在页岩油气藏中，温度(约 100℃)和压力(约 100atm)相对较高。

在这些环境中使用的任何物质的溶解度都是非常重要的物理化学信息。在本例中，将描述温度与表面活性剂溶解度特性的关系。尽管表面活性剂的分子结构相当简单，但与其他两亲分子如长链醇等相比，表面活性剂在水中的溶解度是相当复杂的。实验表明，在水中的溶解度与烷基链的长度有关。然而，还发现表面活性剂的溶解度取决于极性基团上电荷的存在。就温度而言，离子型表面活性剂表现出与非离子型表面活性剂不同的溶解度特性。事实上，在 SAS 的所有工业应用中，溶解度是最重要的参数之一。当选择使用哪种 SAS 时，该特性是决定性因素。例如，家用表面活性剂中需要的 SAS 将不同于使用海水洗涤时需要的 SAS。疏水性烷基在水中具有部分溶解性，这与空腔的表面张力模型有关(附录Ⅳ)。

3.2.2.1　离子型表面活性剂

所有离子型表面活性剂(阴离子表面活性剂和阳离子表面活性剂)在低温下的溶解度都很低，但在特定温度下溶解度会突然增加(图 3.4)。例如，SDS 在 15℃时的溶解度约为 2g/L，此温度称为克拉夫点(Krafft point，KP)。当温度升高后，SDS 的溶解度大于其 KP 值。将阴离子表面活性剂溶液(约 0.5mol)从较高温度冷却到较低温度直至突然出现浑浊，即可得到 KP。工业中普遍发现，在表面活性剂不纯的情况下，KP 并不是很灵敏。

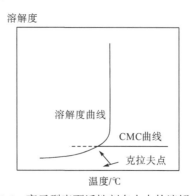

图 3.4　离子型表面活性剂在水中的溶解度

事实上，在 KP 附近的溶解度几乎等于临界胶束浓度(critical micelle concentration，CMC)。KP 的大小取决于烷基链的链长(图 3.5)。

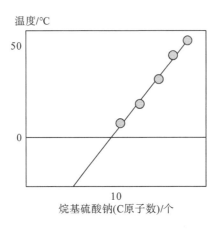

图 3.5　KP 随烷基硫酸钠链长的变化

C_{12} 硫酸盐的 KP 值为 21℃，C_{14} 硫酸盐的 KP 值为 34℃。可以得出结论，每增加一个—CH_2—基团，KP 约增加 10℃(线性关系)。有趣的是，C_8 硫酸盐的 KP 值经过推导为 3.5℃。事实上，C_8 硫酸盐的 KP 值是不可能从实验中测量的。工业产品是混合物，因此 KP 的大小取决于其组成。由于在 KP 下方不能形成胶束，这意味着溶液性质取决于观测数据。因此，在离子型表面活性剂的情况下，需要考虑各种参数对 KP 的影响。其中一些如下：

- 烷基链长度(KP 值随烷基链长度的增加而增加)
- 如果低链表面活性剂与长链表面活性剂混合，KP 降低

3.2.2.2　非离子型表面活性剂

非离子型表面活性剂在水中的溶解度与带电表面活性剂的溶解度完全不同(尤其受温度的影响)。非离子型表面活性剂在低温下的溶解度很高，但在特定的温度下，其溶解度急剧下降，称为浊点(cloud point，CP)(图 3.6)。这意味着在 CP 以上不适合使用非离子型表面活性剂。这种表面活性剂分子在水中的溶解度是由于羟基(—OH)和乙氧基(—CH_2CH_2O—)与水分子之间形成氢键而产生的。在高温下，氢键作用力变弱(由于高分子振动)，因此非离子表面活性剂在 CP 处变得不能溶解。CP 是指溶液变得混浊的温度。该溶液分为两相，富水相和低浓度的非离子型表面活性剂相。富含非离子型表面活性剂的相含水量低。实验表明，每个环氧乙烷基(—CH_2CH_2O—)大约有四个结合水分子(Birdi，2007)。

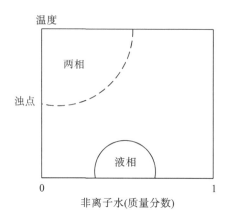

图 3.6　非离子型表面活性剂在水中的溶解度(浊点：CP)(取决于温度)

此外，就应用而言，表面活性剂的电荷是一种非常特殊的性质。阴离子表面活性剂与阳离子表面活性剂的应用完全不同。例如，阴离子表面活性剂用于洗发水和洗涤，而阳离子交换剂则用于头发调理剂；毛发表面具有负电荷，因此阳离子在头发表面强烈吸附而产生光滑表面，这是因为带电端朝向毛发表面，烷基指向朝外：

- 阳离子表面活性剂+头发
- 烷基：极性基团(+)头发(−)

实验表明，在各种带电固体表面(如矿物、玻璃、金属、纸和纸浆以及塑料)上都观察到类似的吸附行为。例如，阳离子表面活性剂用于减少二氧化硅(带负电荷)表面之间的吸引力(用于绝缘材料)。

3.3　在水介质中表面活性剂的胶束形成

表面活性剂水溶液有两种主要作用力，它们决定着溶液的性质。疏水的烷基部分倾向于分离为一个不同的相，而极性部分倾向于停留在水溶液中。表面活性剂溶液的表面张力如图 3.7 所示。

结果表明，表面张力减小直至达到临界胶束浓度(CMC 点)。测量表面活性剂溶液的其他物理特性(如导电性、密度、发泡、气泡形成、清洁和去污效果等)也可观察到类似的变化。因此，这两种相反作用力之间的差异决定了溶液的性质。需要考虑的因素如下：

a. 烷基和水

b. 烷基烃类与自身的相互作用

c. 极性基团的溶剂化(通过氢键和水合作用)

d. 溶剂化极性基团之间的相互作用

在 CMC 以下，表面活性剂分子作为单体存在。低于 CMC，物质表现正常；高于CMC，单体 C_{mono} 与胶束 C_{mice} 平衡。胶束(N_{ag}表示聚集数)由单体形成(图3.7)：

$$N_{ag} \times 单体 = 胶束 \tag{3.1}$$

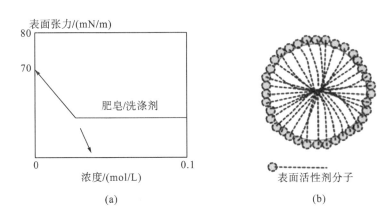

图 3.7　(a)典型表面活性剂溶液的表面张力随浓度的变化；
(b)典型球形胶束(直径几乎等于分子长度的两倍)

被水包围的单体(数量为 N_{ag})在 CMC 浓度以上聚集在一起形成胶束。在这个过程中，烷基链从水相转移到烷烃类胶束内部。这是因为烷基部分在胶束中的能量比在水相中的低(如 a 所述)：

a. 水中的烷基链/被水包围

b. 胶束：与相邻烷基链接触的烷基链

因此，在 b 情况下，烷基链与水之间的排斥就不存在了。相反，情况 b 中的烷基-烷基的吸引力是胶束形成的驱动力。表面活性剂分子在高于 CMC 的浓度下形成胶束聚集体，因为它从水相移到胶束相(能量较低)，在一定数量的单体形成胶束后达到平衡(由体系的自由能决定)。这意味着在这一过程中既有吸引力，也有排斥力。否则，如果只有吸引力，将会发生很大程度的聚集。在平衡状态下，必然存在两种力相等的状态。因此，我们可以写出胶束形成的标准自由能 $\Delta G^0_{胶束}$：

$$\Delta G^0_{胶束} = 吸引力 + 排斥力 \tag{3.2}$$

吸引力与表面活性剂分子的烷基部分(烷基-烷基链吸引)之间的疏水相互作用 $\Delta G^0_{疏水}$ 有关。相反的力来自极性部分(电荷-电荷排斥，极性基团水合) $\Delta G^0_{极性}$。这些力是相反的。吸引力将导致更大的聚集体。相反的力会阻碍聚合。具有一定聚集数的胶束是 $\Delta G^0_{胶束}$ 值为 0 的胶束。因此，我们可以把 $\Delta G^0_{胶束}$ 写为

$$\Delta G^0_{\text{胶束}} = \Delta G^0_{\text{疏水}} + \Delta G^0_{\text{极性}} \tag{3.3}$$

胶束形成的标准自由能是

$$\Delta G^0_{\text{胶束}} = \mu^0_{\text{胶束}} - \mu^0_{\text{单体}} = RT \ln\left(\frac{C_{\text{胶束}}}{C_{\text{单体}}}\right) \tag{3.4}$$

对于 CMC，人们可以忽略 $C_{\text{胶束}}$，公式可以写成

$$\Delta G^0_{\text{胶束}} = RT \ln(\text{CMC}) \tag{3.5}$$

式中，R 为气体常数，$R = 8.314\text{J}/(\text{mol·K})$；$T$ 为绝对温度，K。

这一关系适用于非离子型表面活性剂,在离子型表面活性剂的情况下会发生改变[式(3.6)]。这种平衡表明,如果我们稀释体系,胶束就会分解成单体来达到平衡。这是非离子型表面活性剂一个简单的平衡。在离子型表面活性剂的情况下存在带电物质。例如,SDS 的离子型表面活性剂水溶液,具有聚集的胶束 N_{SD^-},由反离子 C_{S^+} 组成:

$$\text{离子型表面活性剂单体 } N_{\text{SD}^-} + \text{反离子 } C_{\text{S}^+} = \text{带电胶束}\left(N_{\text{SD}^-} - C_{\text{S}^+}\right) \tag{3.6}$$

出于 N 大于 S$^+$,所有阴离子表面活性剂都带负电。同样,所有的阳离子胶束都带正电。例如,对于十六烷基三甲基溴化铵(CTAB),胶束溶液中存在以下平衡:

$$\text{CTAB} = \text{CTA}^+ + \text{Br}^-$$

含有 N_{CTA^+} 单体的胶束中含有 C_{Br^-} 反离子。胶束的正电荷为正负离子之和 $\left(N_{\text{CTA}^+} - C_{\text{Br}^-}\right)$。每种物质的实际浓度随表面活性剂总浓度变化而变化(如 SDS 溶液,图 3.8)。

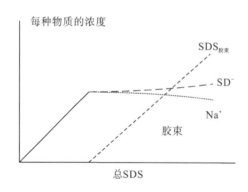

图 3.8　SDS 溶液的不同离子(Na^+、SD^-、$\text{SDS}_{\text{胶束}}$)物质浓度的变化

在 CMC 浓度以下,发现水中的 SDS 分子解离成 SD$^-$ 和 Na$^+$。电导率测量结果表明:

a. SDS 表现为强盐,并形成 SD$^-$ 和 Na$^+$(与 NaCl 的观察结果相同);

b. 当 SDS 浓度等于 CMC 时,在图中观察到间断点。这表明离子的数量随着

浓度的增加而减少。后者表明，某些离子(在本例中，阳离子 Na⁺)与 SDS 胶束结合，导致溶液电导率的斜率发生变化。对其他离子表面活性剂如阳离子(CTAB)表面活性剂，也观察到同样的现象。

当浓度达到 CMC 时形成胶束(一些反离子 Na⁺和 SD⁻的聚合体)，一些 Na⁺与胶束结合在一起，这也是从电导率数据中观察到的。事实上，这些数据分析表明，大约 70%的 Na⁺与胶束中的 SD⁻结合。表面电荷是根据电导率的测量来估算的(Tanford，1980；Birdi，2002；Somasundaran，2015)。因此，达到 CMC 后 Na⁺的浓度将高于 SD⁻。文献中有大量的报告分析了单体相(CMC 前)到胶束相(CMC后)的转变。阳离子表面活性剂的情况也是如此。浓度低于 CMC 时，在 CTAB 溶液中有 CTA⁺和 Br⁻。在 CMC 以上，还存在 CTAB 胶束。在这些体系中，反离子是 Br⁻。

CMC 分析：CMC 取决于不同的因素。这些取决于烷基部分和极性部分。表面活性剂与溶剂的相互作用也会对 CMC 产生影响。

烷基链长度的影响：发现 CMC 随烷基链长度的增加而降低。

例如，对于烷基硫酸钠表面活性剂，发现以下关系：

$$\ln(CMC) = k_1 - k_2\left(C_{烷基}\right) \tag{3.7}$$

其中，k_1 和 k_2 为常量；$C_{烷基}$ 为烷基链中的碳原子数。

当添加剂对单体-胶束平衡有影响时，CMC 会发生变化。若添加剂改变了表面活性剂的溶解度，CMC 也会发生变化。加入共存离子后，所有离子表面活性剂的CMC 都会降低。然而，非离子表面活性剂在加入盐时 CMC 的变化很小。这应该是从理论上考虑的。SDS 溶液的 CMC(25℃)随 NaCl 的变化如表 3.3 和图 3.9 所示。

表 3.3 CMC(25℃)随 NaCl 的变化

NaCl/(mol/L)	CMC/(mol/L)	SDS/(g/L)	N_{agg}
0	0.008	2.3	80
0.01	0.005	1.5	90
0.03	0.003	0.09	100
0.05	0.0023	0.08	104
0.1	0.0015	0.05	110
0.2	0.001	0.02	120
0.4	0.0006	0.015	125

这些数据中最重要的特征是极少量的电解质对系统有很强的影响。对于所有的带电(负或正)表面活性剂分子，这种效果是相同的。据报道，球形胶束的半径为 20Å，非球形胶束增加到 23Å(图 3.9)。

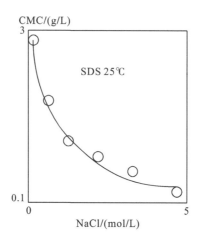

图 3.9 胶束中 SDS 溶液的 CMC 随 NaCl 添加量的变化

这些数据非常具有说服力，表明胶束界面处离子的相互作用强烈依赖于周围的离子。实验表明，在大多数情况下，如 SDS 溶液，初始球形胶束可能在某种影响下成长为更大的聚集体(从球形到椭圆形)，而且发现非常大的胶束会呈圆盘状、圆柱体状或薄片状(图 3.10)。

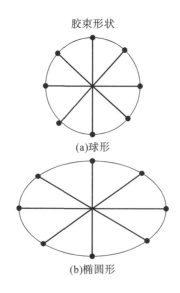

图 3.10 不同类型的胶束聚集体

重要的是要注意即使添加很少量的 NaCl(电解质)，CMC 也会发生变化。总的来说，随着离子的加入，CMC 的变化遵循这样的关系：

$$\ln(\text{CMC}) = 常数_1 - 常数_2\big[\ln(\text{CMC} + C_{\text{ion}})\big] \tag{3.8}$$

发现常数$_2$的值与胶束电荷的大小有关。它的大小为 0.6～0.7，这意味着胶束带有 30%的电荷。结果显示，阳离子表面活性剂的 CMC 随 KBr 的加入而降低：

- DTAB（十二烷基三甲基溴化铵）、TrTAB（十三烷基三甲基溴化铵）和 TTAB（十四烷基三甲基溴化铵）
- $\ln(\text{CMC}) = -6.85 - 0.64\ln(\text{CMC} + C_{\text{KBr}})$
- TrTAB：$\ln(\text{CMC}) = -8.10 - 0.65\ln(\text{CMC} + C_{\text{KBr}})$
- TTAB：$\ln(\text{CMC}) = -9.43 - 0.68\ln(\text{CMC} + C_{\text{KBr}})$

结果表明，斜率随着烷基链长度的增大而增大。关于钠-烷基硫酸盐同系列物也有类似的报道。

肥皂的 CMC 数据与烷基链长度的关系如表 3.4 所示。

表 3.4 肥皂的 CMC 数据与烷基链长度的关系

肥皂	CMC（25℃）/(mol/L)
C_7COOK	0.4
C_9COOK	0.1
$C_{11}COOK$	0.025

这些数据表明，链长每增加一个—CH_2CH_2—，CMC 降至原来的 1/4。

3.4 溶液中的吉布斯吸附方程

摇动纯液体（如水）时不会形成任何泡沫，这表明表面层是由纯液体组成（并且不存在任何微小的表面活性杂质）。然而，如果添加非常少量的表面活性剂（肥皂或表面活性剂，浓度约为毫摩尔，或质量分数约为百万分之一），并摇动溶液，就会在表面形成泡沫。在自然界中，人们发现了各种导致泡沫形成的 SAS（如湖泊、河流和海洋）。这表明表面活性剂已经在表面积累（这意味着表面活性剂的浓度比本体相中要高得多，在某些情况下，浓度要高出几千倍），从而形成一层薄薄的液体膜（thin liquid film，TLF），构成泡沫。实际上，我们可以用气泡或泡沫的形成来衡量系统的纯度。人们通常在湖泊或海岸观察到的泡沫是在不同的条件下形成的。如果这些地方的水受到污染，那么就会观察到非常稳定的泡沫。如果加入无机盐 NaCl，就不会形成泡沫。泡沫的形成表明表面活性剂吸附在表面并形成 TLF（由双亲分子和一些水组成）（Scheludko，1966；Birdi，2016）。很多学者对表面活性剂浓度（本体相）和表面张力（与表面活性剂分子的存在有关）的关系进行了很多理论分析。表面吸附的热力学已被吉布斯吸附理论广泛地描述（Defay et al.，1966；Chattoraj and Birdi，1984）。另外，吉布斯吸附理论对于固-液或液$_1$-液$_2$、溶质在聚合物上的吸附等其他体系都有着重要的指导意义。实际上，在任何界面处发生吸附的体系，吉布斯理论都是适用的。

在水中加入溶质会导致本体相和表面成分的变化。换句话说，体积和表面性质都会发生变化。例如，在恒定温度和压力下，水的表面张力（γ）随有机或无机溶质的加入而变化（Defay et al.，1966；Chattoraj and Birdi，1984；Birdi，1989，1997，2016；Somasundaran，2015）。表面张力变化的程度和变化的迹象由所加入的分子决定（图3.1）。

水溶液的γ值随电解质浓度的增大而增大。含有有机溶质的水溶液的γ值不断减小。如第2章所述，液体表面是液体密度变化1000倍到气体密度的地方。现在，让我们来看看当乙醇加入水中时表面成分发生什么变化（图3.11）。

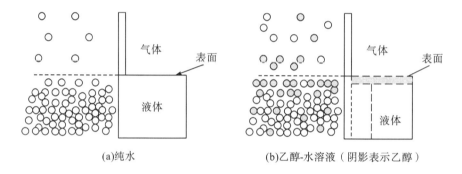

(a)纯水   (b)乙醇-水溶液（阴影表示乙醇）

图3.11　表面组成

气相中乙醇浓度高于水是由于其沸点较低。这种现象在白兰地玻璃杯中很常见，杯子内部可以看到乙醇蒸气。向水中添加表面活性剂，表面张力明显降低（图3.12）。

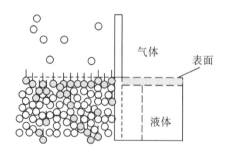

图3.12　表面活性剂在溶液和表面的浓度分布

注：表面上的阴影区域是由于积累引起的表面过剩浓度。

表面活性剂分子的浓度分布示意图表明表面浓度分布是均匀的。在表面上，几乎只有表面活性剂分子加上必要数量的水分子(这些水分子与表面活性剂分子处于结合状态)。因此表面张力很低，约为 30mN/m。表面活性剂的表面浓度分布很难用任何直接方法确定。如 3.2.1 节所述，实验表明，当使用醇(如甲醇、乙醇、甘油、乙二醇)等有机物质时，水的表面张力降低，如水力压裂过程。这表明，通常表面有比体相中更多的醇分子。这类水溶液的表面组成状况一直是广泛研究的对象，已有文献用吉布斯吸附方程对这些系统进行了详尽的分析(Defay et al.，1966；Chattoraj and Birdi，1984；Adamson and Gast，1997；Fainerman et al.，2002；Birdi，1989，2016)。假定液体含有 i 个组分(根据两个本体相的吉布斯处理，即 α 和 β 两相)由界面区域分离。

实际系统中的液体柱：

$$\alpha-\text{相} \equiv (\text{界面区域}) \equiv \beta-\text{相}$$

人们认为，这一界面区域不均匀，难以定义，因此，研究人员提出了一个更为简化的模型(Adamson and Gast，1997；Defay et al.，1966；Chattoraj and Birdi，1984；Birdi，1997，2016)，假设界面区域是一个数学平面。在这一实际系统中，α 和 β 相的第 i 组分的体积组成分别为 $C_{i\alpha}$ 和 $C_{i\beta}$。

然而，在理想化的体系中，α 相和 β 相的化学成分直到两相交界处被设想为一直保持不变，因此它们两个在假想相中的浓度也分别是 $C_{i\alpha}$ 和 $C_{i\beta}$(Chattoraj and Birdi，1984)。

如果 $n_{i\alpha}$ 和 $n_{i\beta}$ 表示理想化体系两个阶段第 i 个组分的总物质的量，那么第 i 个组分的吉布斯表面过剩 $\varGamma_{ni}$ 可定义为(α 相的物质的量 $n_{i\alpha}$)－(表面区域过剩的物质的量 n_{ix})－(β 相的物质的量 $n_{i\beta}$)。

$$n_i^X = n_i^t - n_{i\alpha} - n_{i\beta} \tag{3.12}$$

其中，n_i^t 是实际系统中第 i 个组分的总物质的量。可以使用完全相同的数学关系来定义相应的表面过剩内能 E^X 和熵 S^X(Chattoraj and Birdi，1984；Birdi，1989；Somasundaran，2015)：

$$E^X = E^t - E^\alpha - E^\beta \tag{3.13}$$

$$S^X = S^t - S^\alpha - S^\beta \tag{3.14}$$

其中，E^t 和 S^t 分别是整个系统的总能量和熵。

α 相和 β 相的能量和熵分别用上标来表示。因此，过量 X 的值指的是处于吸附状态的表面分子。

真实和理想化的系统是开放的，因此可以写出以下方程式：

$$dE^t = TdS^t - (PdV + P'dV' - \gamma dA) + \mu_1 dn_1^t + \mu_2 dn_2^t + \cdots + \mu_i dn_i^t \tag{3.15}$$

其中，V^α 和 V^β 分别是 α 相和 β 相的实际体积，P 和 P' 是各相的压力。

　　由于界面区的体积可以忽略不计，所以 $V^t = V^\alpha + V^\beta$。此外，如果表面几乎是平面的，则 $P_\alpha = P_\beta^t$，以及 $PdV^\alpha + P_\beta dV^\beta = PdV^t$。理想化α相和β相的内能变化也可以类似地表示如下：

$$dE^\alpha = TdS^\alpha - PdV^\alpha + \mu_1 dn_1 + \cdots + \mu_i dn_{i,\alpha} \tag{3.16}$$

和

$$dE^\beta = TdS^\beta - PdV^\beta + \mu_1 dn_1 + \cdots + \mu_i dn_{i,\beta} \tag{3.17}$$

　　在实际系统中，由于表面能的变化，γdA 的贡献被包括在额外功中。这种贡献只包含两个理想化的体相而不存在于任何物理界面中。用式(3.15)减去式(3.16)和式(3.17)，得到以下关系：

$$d\left(E^t - E^\alpha - E^\beta\right) = Td\left(S^t - S^\alpha - S^\beta\right) + \gamma dA + \mu_1 d\left(n_1 - n_{i,\alpha} - n_{i,\beta}\right) + \cdots$$
$$+ \mu_i d\left(n_{i,t} - n_{i,\alpha} - n_{i,\beta}\right) \tag{3.18}$$

或

$$dE^x = TdS^x + \gamma dA + \mu_1 dn_1^x + \cdots + \mu_i dn_i^x \tag{3.19}$$

　　给出常数 T、γ 和 μ_i 的方程如下：

$$E^x = TS^x + \gamma A + \mu_1 n_1^x + \cdots + \mu_i n_i^x \tag{3.20}$$

　　这种关系一般可以区分为

$$dE^x = TdS^x + \gamma dA + {}_i SUM\left(\mu_i dn_i^x\right) + {}_i SUM\left(n_i d\mu_i^x\right) + Ad\gamma + S^x dT \tag{3.21}$$

　　结合式(3.20)和式(3.21)，得

$$-Ad\gamma = S^x dT + {}_i SUM\left(n_i^x d\mu_i\right) \tag{3.22}$$

　　设 $S^{s,x}$ 和 Γ_i^x 分别表示单位表面积 i 组分的表面过量熵和物质的量，得

$$S^{s,x} = \frac{S^x}{A}$$
$$\Gamma_i^x = \frac{n_i^x}{A} \tag{3.23}$$

和

$$-d\gamma = S^{s,x} dT + \Gamma_{x,1} d\mu_1 + \Gamma_{x,2} d\mu_2 + \cdots + \Gamma_{x,i} d\mu_i \tag{3.24}$$

　　此方程式类似散装液体的 Gibbs-Duhem 方程(Chattoraj and Birdi, 1984；Birdi, 2016)，式(3.24)也可以写为

$$-d\gamma = S_{s,1} dT + \Gamma_2^1 d\mu_2 + \cdots + \Gamma_i^1 d\mu_i \tag{3.25}$$

$$= S_{s,1} dT + \Gamma_i^1 d\mu_i \tag{3.26}$$

　　当 T 和 P 为常数时，对于双组分体系[如水(1)+醇(2)]，我们得到了经典的吉布斯吸附方程：

$$\Gamma_2 = -\left(\frac{\mathrm{d}\gamma}{\mathrm{d}\mu_2}\right)_{T,P} \tag{3.27}$$

这表明，Γ_2 与 γ 的变化和添加剂(溶质)化学势的变化有关。化学势 μ_2 与醇的活性有关：

$$\mu_2 = \mu_2^0 + RT\ln(a_2) \tag{3.28}$$

如果假设活度系数为 1，那么

$$\mu_2 = \mu_2^0 + RT\ln(C_2) \tag{3.29}$$

其中，C_2 是溶质 2 的体相浓度。这样，吉布斯吸附就可以写成

$$\begin{aligned} \Gamma_2 &= -\frac{1}{RT}\left[\frac{\mathrm{d}\gamma}{\mathrm{d}\ln(C_2)}\right] \\ &= -\frac{C_2}{RT}\left(\frac{\mathrm{d}\gamma}{\mathrm{d}C_2}\right) \end{aligned} \tag{3.30}$$

表面过剩量与表面张力和溶质浓度的变化成正比 $\left[\mathrm{d}\gamma/\mathrm{d}(\ln C_{表面活性剂})\right]$。$\ln(C_2)$ 与 γ 的关系图中的斜率为 $\Gamma_2(RT)$，由此，可以估算出 Γ_2 的值(物质的量/面积)。

这表明，所有 SAS 的表面浓度总是高于溶液的体相浓度。

这种关系已经通过放射性示踪剂得到验证。另外，正如稍后在扩散单分子层中所显示的那样，发现以下例子对这种关系以及各种系统的 Γ 大小非常有说服力。在浓度为 1.7mmol/L 的 SDS 溶液中，水的表面张力(72mN/m，25℃)下降到 63mN/m。表面张力的大幅度下降表明 SDS 分子集中在表面，否则表面张力的变化很小。这意味着 SDS 在表面的浓度远高于体相浓度。体相中 SDS 和水的摩尔比为 0.002∶55.5。在表面，从 Γ 的数值发现这一比率(比率为 1000∶1)与预计值完全不同。在表面活性剂浓度很低的溶液中形成泡沫时，这一点也很明显。泡沫是由双层表面活性剂和内部的水组成的。事实上，用分子比来考虑表面活性剂溶液的状态是很容易的(第 7 章)。

对于离子型表面活性剂，吉布斯方程的形式不太确定。例如，如果使用 SDS($C_{12}H_{25}SO_4Na \Longrightarrow C_{12}H_{25}SO_4^- + Na^+$)，由于它是一种强电解质，可以认为它完全解离：

$$C_{12}H_{25}SO_4Na \Longrightarrow C_{12}H_{25}SO_4^- + Na^+$$

$$SDS \Longrightarrow DS^- + S^+ \tag{3.32}$$

吉布斯方程的适当形式是

$$-\mathrm{d}\gamma = \Gamma_{DS^-}\mathrm{d}\mu_{DS^-} + \Gamma_{S^+}\mathrm{d}\mu_{S^+} \tag{3.33}$$

其中，表面过剩量 Γ_i 代表溶液中的每种物质，如 DS^- 和 S^+。该等式将所观察到的表面张力变化与相应溶质化学势的变化联系起来(DS^-，S^+)。如果展开化学势项，

就得到

$$-\mathrm{d}\gamma = RT\left[\Gamma_{\mathrm{DS}} - \mathrm{d}\left(\ln C_{\mathrm{DS}^-}\right) + \Gamma_{\mathrm{S}} + \mathrm{d}\left(\ln C_{\mathrm{S}^+}\right)\right] \tag{3.34}$$
$$= RT\left(\Gamma_{\mathrm{DS}} - \mathrm{d}C_{\mathrm{DS}^-} / C_{\mathrm{DS}^-} + \Gamma_{\mathrm{S}} + \mathrm{d}C_{\mathrm{S}^+} / C_{\mathrm{S}^+}\right)$$

假设在界面中保持电中性，那么就得到

$$\Gamma_{\mathrm{SDS}} - \Gamma_{\mathrm{DS}^-} = \Gamma_{\mathrm{S}^+} \tag{3.35}$$

和

$$C_{\mathrm{SDS}} - C_{\mathrm{DS}^-} = C_{\mathrm{S}^+} \tag{3.36}$$

代入式(3.3)，得到

$$-\mathrm{d}\gamma = 2RT\Gamma_{\mathrm{SDS}}\mathrm{d}\left(\ln C_{\mathrm{SDS}}\right) \tag{3.37}$$
$$= \left(2RT / C_{\mathrm{SDS}}\right)\Gamma_{\mathrm{SDS}}\mathrm{d}C_{\mathrm{SDS}} \tag{3.38}$$

得到

$$\Gamma_{\mathrm{SDS}} = -\frac{1}{2}\left(RT\right)\mathrm{d}\gamma / \left(\mathrm{d}\ln C_{\mathrm{SDS}}\right) \tag{3.39}$$

在离子强度保持不变的情况下，即在加入氯化钠的情况下，方程就变成了

$$\Gamma_{\mathrm{SDS}} = -1 / \left(RT\right)\mathrm{d}\gamma / \left(\mathrm{d}\ln C_{\mathrm{SDS}}\right) \tag{3.40}$$

比较式(3.38)和式(3.40)，可以看出它们相差 2 倍，在吉布斯方程的实验测试中需要使用适当的形式。同样清楚的是，任何部分电离都需要对一般吉布斯方程进行必要的修正。可用吉布斯方程来估算表面活性剂在溶液表面的吸附量(Chattoraj and Birdi，1984；Adamson and Gast，1997；Somasundaran，2015；Birdi，2016)。绘制γ与$\log(C_{洗涤剂})$的曲线比较方便。由γ与$C_{烷基硫酸盐}$的数据，可以从吉布斯方程获得以下数据(表 3.5)。

表 3.5   不同烷基硫酸盐在溶液表面的吸附量

	浓度/(mol/L)	$\Gamma_{\mathrm{S}烷基硫酸盐}$	A(面积/分子)/(10^{-12}mol/cm^2)
NaC$_{10}$SO$_4$	0.03	3.3	50Å^2
NaC$_{12}$SO$_4$	0.008	3.4	50Å^2
NaC$_{14}$SO$_4$	0.002	3.3	50Å^2

根据γ与浓度的关系曲线(其中斜率与表面过剩$\Gamma_{\mathrm{S}烷基硫酸盐}$有关)，可以估算被吸附的 SAS 的面积/分子值。面积/分子值表明，无论烷基链长度如何，分子在表面都是垂直排列的。如果分子的取向是平铺的，那么面积/摩尔的值就会大得多(约100Å^2)。烷基链长度对面积没有影响的事实也证明了这一假设。这些结论已从分散单层研究中得到证实。此外，人们还发现，极性基团即 —SO$_4^-$，将占据大约 50Å^2。在第 4 章中，将给出其他证实每个分子的面积约为 50Å^2 的研究。这是确定表面结

构的唯一间接方法。

吉布斯吸附方程基本上与溶剂和溶质(或多溶质)的化学势有关。当溶质γ降低，溶质就以过量的形式存在(如果存在过高的表面浓度)，或以不足的溶质浓度存在(如果表面张力随着溶质的加入而增加)。可以进一步解释的是，如果我们把水看作一个体系，在其中加入表面活性剂，如SDS，那么表面的分子就会发生如下变化：

纯净水：体积水分子=w；表面水分子=ω

- ω
- wwwwwwwwwwwwwwwwwwwwwwwwwwwwwwwwwww
- wwwwwwwwwwwwwwwwwwwwwwwwwwwwwwwwwww

加入SDS后的水：体积SDS=S；表面SDS=s(SDS=2g/L)

- sssωssωsssωssωsssωssωsssωssωsssωssωsss
- SwwwSwwwSwwwSwwwSwwwSwwwSwwwS
- wwwwwwSwwwwwwwSwwwwwwwSwwww

结果表明，当加入2g/L的SDS时，纯水的表面张力由72mN/m降至30mN/m。因此，SDS溶液的表面主要是单层SDS加一些结合水。系统中水与SDS的比例大致如下：

- 在体相，55mol水∶8mmol SDS
- 在表面，大约100mol SDS∶1mol水

该描述与系统γ的减小一致(Adamson and Gast，1997；Chattoraj and Birdi，1984)。研究表明，如果小心地吸取少量表面活性剂的表面溶液，则可以估计Γ的大小。SAS的浓度为8μmol/mL，体相中的浓度为4μmol/mL。数据表明表面过量是8-4=4(μmol/mL)。这也表明当溶液本体为8μmol/L时，SDS分子完全覆盖表面。其结果是，在浓度高于8μmol/L的情况下，在SDS界面上不再发生吸附。因此，γ几乎保持不变。这意味着表面完全被SDS分子覆盖。每个分子的面积(如发现是50Å^2)表明SDS分子取向为SO_4^-基团指向水相，而烷基链远离水相。

这意味着，如果连续收集泡沫，那么将会去除越来越多的SAS。采用泡沫分离的方法对SAS废水进行净化。当存在极少量的SAS(如印刷业中的染料或废水中的污染物)时，这种方法尤其有用。它经济实惠，没有任何化学物质或过滤器。事实上，如果污染物非常昂贵或有毒，则这种方法与其他方法相比有许多优势。这种特性对所有表面活性剂都是独特的(Birdi，2014，2016；Somasundaran，2015)。

例如，估算半径为1cm的气泡中SDS的含量是非常有用的。假设气泡的双层中存在的水可以忽略不计，那么气泡的表面积就可以用来估算SDS的含量。已知数据如下：

$$气泡半径=1cm$$

$$表面积=(4\times\pi\times1^2)\times2=25cm^2=25\times10^{16}Å^2$$

每个 SDS 分子的面积(用其他方法测量)=55Å^2

每个气泡的 SDS 分子数=0.5×10^{16}

每个泡沫的 SDS 量=0.5×10^{16}/(6×10^{23})g=0.01μg SDS

因此可以看出,从溶液中去除 1g SDS 需要 1 亿个气泡,从溶液中去除 1mg SDS 需要 10 万个气泡(在 1mg/L 的溶液中)。污染物一般在这个浓度范围内。由于气泡很容易以非常快的速度产生(每分钟 100~1000 个气泡),因此这并不是一个很大的障碍。任何其他类型的 SAS(如工业中的污染物)都可以通过发泡来去除(Birdi,2016)。

下面的一个例子显示了气泡形成在去除水中 SAS 时一些有用的应用。例如,将 SDS 和任何有机分子的水溶液一起加入水中,则气泡中 SDS 的浓度将高于体相中的浓度。因此,人们可以通过收集气泡来去除有机分子(第 7 章)。一些研究人员进行了不同的实验来验证吉布斯吸附理论(Adamson and Gast,1997;Chattoraj and Birdi,1984;Birdi,2016)。其中一种方法是用微型刀片法去除表面活性剂溶液的薄层。这与气泡提取的过程几乎是一样的,通过小心抽吸溶液的表层进行。SDS 溶液的表面过剩数据是可以接受的。实验数据为 1.57×10^{-18}mol/cm^2,而根据吉布斯吸附方程,预测数据为 1.44×10^{-18}mol/cm^2。必须指出的是,没有其他直接测量这些数据的方法。

例如,CTAB 水溶液显示以下数据(25℃):

$$\gamma=47\text{mN/m}, \quad C_{\text{ctab}}=0.6\text{mmol/L}$$
$$\gamma=39\text{mN/m}, \quad C_{\text{ctab}}=0.96\text{mmol/L}$$

利用式(3.40),得到

$$\text{d}\gamma/\text{d}\log\left\{C_{\text{ctab}}=(47-39)/\left[\log(0.6)-\log(0.96)\right]\right\}$$
$$=8/(-0.47)=-17$$

以下数据展示了各种添加剂的水溶液表面张力变化率。有趣的是,无机溶质会使表面张力增大(除 HCl 外)。

添加不同物质(mN/mol)(25℃)时水表面张力的变化如表 3.6 所示。

表 3.6　添加不同物质时水表面张力的变化

溶质	dγ/d$C_{溶质}$
HCl	−0.3
LiCl	+1.8
NaCl	+1.8
CsCl	+1.54
CH$_3$COOH	−38

由此可以看出，这些不同溶质的界面性质取决于溶质的表面浓度。相关文献对这些方面做了广泛的分析（Chattoraj and Birdi，1984；Adamson and Gast，1997；Birdi，2016；Somasundaran，2015）。

毫无例外，在分析任何现象时都需要动力学信息。目前，人们想了解表面活性剂溶液的表面张力达到平衡的速度有多快。如果将表面活性剂溶液倒入容器中，则表面活性剂的瞬时浓度在整个系统中是均匀的，也就是说，它在体相和表面的浓度是相同的。SAS 的浓度（通常）较低，溶液的表面张力与纯水的表面张力相同（即在 25℃时为 72mN/m），这是因为在时间为零时表面过剩为零（即 $\Gamma_{时间=0}=0$）。

然而，表面活性剂溶液新形成的表面张力随时间而变化的变化率不同。溶液在体相中的溶质浓度是均匀的，直到形成表面。在表面，SAS 会累积并且表面张力随着时间的推移而减小。在某些情况下，表面的吸附速度非常快（不到 1s），而在其他情况下，它可能需要更长的时间。新生成的水溶液表现出与纯水几乎相同的表面张力，即 70mN/m。然而，在给定的时间（几秒）后，表面张力开始迅速下降并达到一个平衡值（可能低于 30mN/m）。在这个平衡阶段之后，在表面施加轻微的吸力，表面张力就会增加到纯水表面张力的大小（约 70mN/m）（图 3.13）。此后，溶液的表面张力迅速下降到平衡值。实验表明，该过程可以重复多次。然而，在某些涉及快速清洗过程的情况下，我们必须考虑动力学因素。实际上，泡沫和气泡的形成就像溶液一样，表面吸附过程确实非常快（就像纯水在摇动时没有泡沫一样）。

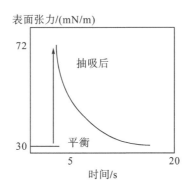

图 3.13　典型表面活性剂溶液在表面抽吸后的平衡表面张力变化

特别是在高分子量 SAS（如蛋白质）的情况下，表面张力的变化周期足够长以便于观察，这是因为蛋白质具有表面活性。所有蛋白质都表现为 SAS，因为存在亲水-亲脂性质[有不同极性（如谷氨酰胺和赖氨酸）和非极性（如丙氨酸、缬氨酸、苯丙氨酸和异缬氨酸）氨基酸类的存在]。蛋白质已经被广泛地研究，它们的极性-非极性特征是由表面活性决定的（Chattoraj and Birdi，1984；Birdi，2016；Tanford，

1980）。基于简单的扩散假设，表面的吸附速率 Γ 可以表示为

$$\mathrm{d}\Gamma / \mathrm{d}t = (D / \pi)^2 C_{体相} t^{-2} \tag{3.41}$$

整合后，得

$$\Gamma = 2C_{体相}(Dt / \pi)^2 \tag{3.42}$$

其中，D 是扩散系数；$C_{体相}$ 是溶质的体相浓度。

所使用的方法是在表面施加吸力，瞬间产生新的表面（Birdi，1989），γ 增加到纯水的 72mN/m，并随时间和 Γ 的增加而减小（初始值为零）（图 3.13）。该实验实际验证了吉布斯吸附方程中的各种假设。实验数据显示，当 t 很小时，此方程有很好的相关性。

3.5 有机分子在胶束中的增溶作用

在许多日常需求中，必须在工业和生物学中应用有机不溶性化合物。在某些情况下，如污染，我们需要知道污染物在水中的溶解性特征。已经发现胶束（包括离子胶束和非离子胶束）表现为微观相，其内核表现为（液体）烷烃，而表面区域则表现为极性相（Tanford，1980；Chattoraj and Birdi，1984；Birdi，1997，2014，2016）。研究人员还发现，内核也具有液态烷烃的性质。事实上，胶束被认为是纳米结构（具有分子尺寸的半径）（Tanford，1980；Birdi，1997，2016；Somasundaran，2015）。这表明我们可以在水中设计表面活性剂溶液体系，它可以同时具有水和烷烃类的性质。这种独特的性质是表面活性剂胶束溶液在各种体系中的主要应用之一。此外，在离子表面活性剂胶束中，还可以产生纳米反应器系统。在纳米反应器中，反离子被设计成可以使两种反应物非常接近（由于双电层），否则这些反应是不可能发生的（Scheludko，1966；Birdi，2007，2016）。胶束最有用的特性来自其内部（烷基链）（图 3.14）。

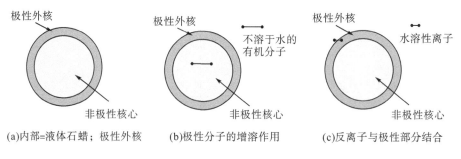

(a)内部=液体石蜡；极性外核   (b)极性分子的增溶作用   (c)反离子与极性部分结合

图 3.14 胶束结构

因此，胶束为水溶液中纳米相的形成提供了一种独特的方法。内部由紧密堆积的烷基组成。已知这些团簇表现为液体石蜡（C_nH_{2n+2}）。烷基链没有完全扩展。因此，可以认为胶束的这个内部疏水部分应该具有类似于（液体）烷烃常见的特性，如溶解各种不溶于水的有机化合物的能力。实验数据验证了这一特性。溶质进入胶束的烷基核心，然后膨胀。当溶质物质的量与表面活性剂物质的量的比率达到相应的热力学值时，达到化学平衡。

用光散射法对 SDS 胶束的尺寸进行分析，结果表明胶束的半径与 SDS 分子的长度基本相同。但是，如果溶质干扰胶束的外极性部分，胶束体系就会发生变化，从而使 CMC 等其他性质发生变化。将十二烷醇添加到 SDS 溶液中时也观察到了这种情况。但是，添加微量的溶质对 CMC 的影响很小。通过对一个典型体系的分析，可以揭示其溶解度机理。图 3.15 显示了萘在 SDS 水溶液中的溶解度变化。

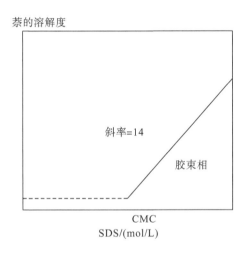

图 3.15 萘在 SDS 溶液中的溶解（典型的胶束增溶实例）（25℃）

在 CMC 以下，萘的溶解量保持不变，与其在纯水中的溶解度相对应。在 CMC 以下，单体对溶解度没有影响。CMC 上方的曲线斜率对应 14mol SDS：1mol 萘。该比例对每种溶质都是唯一的，不依赖体系的 CMC（即电解质的加入等）。结果表明，在 CMC 处，萘的溶解度急剧增加。这是因为所有的胶束都可以溶解不溶于水的有机化合物。通过考虑该增溶过程的热力学，可以进行更有用的分析。在平衡时，溶质（萘等）的化学势为

$$\mu_s^s = \mu_s^{aq} = \mu_s^M \tag{3.43}$$

其中，μ_s^s 是固体中溶质的化学势；μ_s^{aq} 是溶质在水相中的化学势；μ_s^M 是溶质在胶束相中的化学势。

必须指出的是，在这些胶束溶液中，我们将根据水相和胶束相来描述该体系。

在增溶过程中所涉及的标准自由能变化 ΔG_{so}^{o} 如下：

$$\Delta G_{so}^{o} = -RT\ln\left(C_{s,M} / C_{s,aq}\right) \tag{3.44}$$

其中，$C_{s,M}$ 是溶质在水相中的浓度；$C_{s,aq}$ 是溶质在胶束相中的浓度。

自由能变化是溶质从固体（或液体）状态转移到胶束内部时的能量差。许多系统研究表明，ΔG_{so}^{o} 取决于表面活性剂的烷基链长。ΔG_{so}^{o} 的大小随—CH_2—基团的增加而变化-837J（-200cal）/mol。在大多数情况下，向溶液中加入电解质没有影响（Birdi，1982，1999，2003，2016），而溶解动力学对其应用有显著影响（Birdi，2003）。另外，图3.18中的斜率对应于（$1 / C_{s,M}$），由此可以确定溶解1mol溶质所需的SDS的物质的量。不同的溶质（不溶于水的有机分子）在SDS水胶束体系中的不同分析结果如表3.7所示。

表3.7　不同的溶质在SDS水胶束体系中的不同分析结果

溶质	胶束相中的比例（SDS∶溶质）
萘	14mol/mol
蒽	780mol/mol
菲	47mol/mol

研究还发现，这些不溶于水的有机化合物的溶解度数据仅与不同表面活性剂的链长有关。可以得出这样的结论：增溶作用发生在胶束的内部，并且在所有胶束中都是类似于液态烷烃的存在。有关学者对增溶率进行了研究（Birdi，2003，2016），这些数据使人们能够在这类应用中（定量）确定增溶的范围。医药、农业喷雾剂、涂料等工业化应用均需要此类信息。任何物质的剂量都是根据溶液每体积的物质量来计算的。这也表明，无论使用何种表面活性剂，它们的主要作用（除了实现较低的表面张力）都是实现任何不溶于水的有机化合物的增溶。这一过程有助于清洁或洗涤功能。在某些情况下，如胆汁盐、脂类（特别是卵磷脂）的增溶会产生一些复杂的胶束结构。由于混合脂质-胆汁盐胶束的形成，人们观察到CMC和聚集数的变化，这对于胆汁盐在生物学中的应用有着重要的意义。

4 固体表面的吸附-解吸表界面化学特性

4.1 引　言

固体表面具有一些与液体表面大不相同的特征（Adamson and Gast，1997；Scheludko，1966；Chattoraj and Birdi，1984；Birdi，2016；Somasundaran，2015）。在涉及固体的大多数物理化学反应过程中，固体表面性质起到较大的决定性作用。这些反应主要涉及催化剂、路面、储层表面、活性炭、滑石粉、水泥、沙、塑料、木头、玻璃、衣服、头发、皮肤等固体物质。固体是刚性结构，可以抵抗任何压力效应。在所有多孔固体中，气体或液体油的流动均涉及界面（液体-固体）。因此，在这样的系统中，表面化学各个阶段中的分子相互作用是最重要的。后者在复杂系统中尤其如此，如页岩油气藏。在这些系统中，存在一些特定阶段，其中固体和液体的表面特征是较重要的。在日常生活中，许多重要的技术过程和地震等自然过程都依赖于地球内部的岩石特征等。要理解这些过程，我们必须了解固体界面上的表面力（固-气、固-液、固₁-固₂）。

目前，一个主要例子是页岩油气藏体系。在微观层面，人们发现这些储层依赖页岩结构和气体类型，其中一些是源岩储层。页岩中的天然气是由有机物质（植物等）产生的（附录Ⅰ）（Calvin，1969）。因此，预计页岩表面将是影响油气采收的最重要因素。页岩由无机和不同量的有机物组成（Calvin，1969）（附录Ⅰ）。

这里描述了固体表面的一般表面化学。固体的表面化学可以用经典理论来描述（Adamson and Gast，1997；Birdi，2002，2016；Somasundaran，2015）。另一个例子是从表面开始的金属腐蚀，因此需要基于表面特性对其进行特殊处理（Perenchio，1994；Adamson and Gast，1997；Roberge，1999；Ahmad，2006；McCafferty，2010；Zinola，2010）。如液体表面的情况所述，可以对固体表面进行类似的分析。固体表面与体相中的分子不处于相同的力场下（图4.1）。

实验表明，固体的表面是其最重要的特征。在许多日常观察中，完美表面和有缺陷表面之间的差异非常明显（图4.1）。例如，随着表面变得更光滑，所有固体表面的光泽度都会增加。此外，当固体表面变得更光滑时，两个固体表面之间的

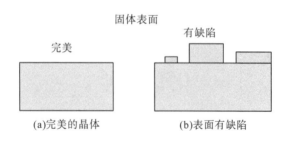

图 4.1 固体表面分子缺陷

摩擦减小。首先在分子尺度上分析固体材料(使用 X 射线衍射等)，了解固体物质的结构和晶体原子结构。这是因为虽然可以通过诸如 X 射线衍射的方法研究固体的分子结构，但是对液体的相同分析并不是那么简单(Gitis and Sivamani，2014)。这些分析还表明，表面缺陷存在于分子水平。正如第 3 章中的液体情况所指出的，还必须考虑到当通过研磨(或一些其他方法)增加固体粉末的表面积时，需要提供表面能(提供给系统的能量)。当然，由于固相和液相之间的能量差异，这些过程彼此之间将会呈现数量级上的差异。液态物质保留了一些与其固态相似的结构，但在液态下，分子可交换位置。液态分子之间的平均距离比固态分子大约 10%(见第 1 章)。因此，在此阶段需要考虑液-固界面的一些基本性质。当液体与固体表面接触时，液体的表面张力变得重要。存在于液体和固体之间的界面力可以通过研究放置在任何光滑固体表面上的液滴形状来估算(图 4.2)。不同固体表面上液滴的形状(或角度)是不同的。研究人员已经广泛地分析了如图 4.2 所示的力的平衡，其涉及固液边界处的不同力和接触角 θ，如下(杨氏方程)(Adamson and Gast，1997；Chattoraj and Birdi，1984，1997a，2002，2016)：

$$\text{固体表面张力} = \text{固/液的表面张力} + \text{液体的表面张力}(\cos\theta) \tag{4.1}$$

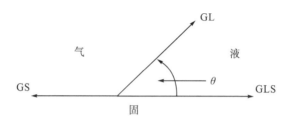

图 4.2 液体(GL)，固体(GS)和液体/固体(GLS)的表面张力(接触角)之间的平衡状态

$$\gamma_{\text{S}} = \gamma_{\text{L}} \cos\theta + \gamma_{\text{SL}} \tag{4.2}$$

$$\gamma_{\text{L}} \cos\theta = \gamma_{\text{S}} - \gamma_{\text{SL}} \tag{4.3}$$

其中不同的表面力(表面张力)对于固体是 γ_S，对于液体是 γ_L，对于固液界面是 γ_{SL}。

这是固体表面与流体相互作用之间最基本的关系。杨氏方程式(4.2)的关系基本上是基于力平衡的物理定律。在平衡状态下，接触角的大小与三个表面力有关(图 4.2)。

在式(4.3)中，仅在 X-Y 平面中考虑几何力平衡，且假设液体不影响固体表面(在任何物理意义上)。在大多数情况下，这种假设是合理的。然而，在非常特殊的情况下，如果固体表面是柔软的(如隐形眼镜)，那么切向力就需要被包含在这个等式中(Birdi，2016)。

4.2　固体表面的润湿性能

液体与固体表面接触时的润湿程度是日常生活中最常见的现象(洗涤和清洁剂、地下水流、水力压裂工艺、雨水渗漏和洪水、清洁系统、岩石中的水流、印刷技术等)。可以采用经典实例来描述液体和固体表界面。当考虑特氟龙和金属表面之间的差异时，固体表面的润湿是众所周知的。为了理解液体 L 和固体 S 之间的润湿程度，可以将式(4.3)改为

$$\cos\theta = (\gamma_S - \gamma_{LS})/\gamma_L \tag{4.4}$$

这样人们就可以理解 γ 的变化与其他术语的变化。后者是重要的，因为当没有有限的接触角时，会发生完全润湿，$\gamma_L < \gamma_S - \gamma_{LS}$。然而，当 $\gamma_L > \gamma_S - \gamma_{LS}$ 时，则 $\cos\theta < 1$，并且存在有限的接触角。后者是将水置于疏水性固体如特氟龙、聚乙烯(PE)或石蜡上的情况。当然，在水中加入表面活性剂会降低 γ_L，因此，θ 将在引入这种表面活性物质时减小(Adamson and Gast，1997；Chattoraj and Birdi，1984；Birdi，1997，2002，2016；Zhang et al.，2012)。在动态条件下(如蒸发)，流体的液滴状态将变得更加复杂(Birdi et al.，1989；Birdi and Vu，1989)。然而，在本书中，当一滴液体被放置在另一种液体的表面上时，尤其是当两种液体不混溶时，人们主要感兴趣的是扩散行为。了解这一现象对于了解海洋中的石油泄漏情况非常重要。

通过引入扩散系数 $S_{a/b}$ 来分析扩散现象，定义为(Harkins，1952；Adamson and Gast，1997；Birdi，2002，2016)

$$S_{a/b} = \gamma_a - (\gamma_b + \gamma_{ab}) \tag{4.5}$$

其中，$S_{a/b}$ 是液体 a 上液体 b 的扩散系数；γ_a 和 γ_b 分别是液体 a 和 b 的表面张力；γ_{ab} 是两种液体之间的界面张力。

如果 $S_{a/b}$ 的值为正，则扩散将自发地发生，如果为负，则液体 b 将作为透镜停留在液体 a 上。

　　然而，γ_{ab} 的值需要被视为均衡值，因此如果认为系统处于非平衡状态，那么扩散系数将是不同的。例如，观察到苯瞬时扩散时 $S_{a/b}$ 值为 8.9dyne/cm（1dyne=1mN/m）；因此，苯可以在水中扩散。水随时间推移变得饱和，水的值 γ 降低，苯滴倾向于形成透镜。短链烃如正己烷和正己烯也具有正的初始扩散系数以得到更厚的薄膜。另一方面，较长链的烷烃不会在水上扩散，如 $C_{16}H_{34}$（十六烷）/水的 $S_{a/b}$ 在 25℃时达到 1.3dyn/cm。同样显而易见的是，杂质会对式（4.5）中的界面张力产生非常严重的影响，因此 $S_{a/b}$ 的值会发生相应变化（表 4.1）。

表 4.1　空气-水界面扩散系数 $S_{a/b}$ 的计算（20℃）

油相	$\gamma_{w/a} - \gamma_{o/a} - \gamma_{o/w} = S_{a/b}$	结论
n-$C_{16}H_{34}$	72.8−30.0−52.1=−0.3	油相不扩散
n-Octane	72.8−21.8−50.8=+0.2	油相刚好扩散
n-Octanol	72.8−27.5−8.5=+36.8	油相扩散

注：a.空气；w.水；o.油。

　　已有学者研究了固体（极性有机）物质（如鲸蜡醇，$C_{18}H_{38}OH$）在水表面的扩散（Gaines，1966；Adamson and Gast，1997；Birdi，2003）。然而，两亲物分子分离到表面膜中仅发生在与空气-水表面接触的晶体周围。在该系统中，两亲物通过本体水相的扩散可以忽略不计，因为能量势垒不仅包括在固体中形成孔，还包括烃链在水中的浸没。显而易见的是，通过本体液体的扩散是一个相当缓慢的过程。此外，对于一种液体在另一种液体上的扩散，$S_{a/b}$ 值对杂质非常敏感。

　　另一个例子是向流体中加入表面活性剂。这极大地影响了其润湿和铺展性能。因此，许多技术利用表面活性剂来控制润湿性能（Birdi，1997）。表面活性剂分子控制润湿的能力源于它们在液-气、液-液、固-液和固-气界面处的自组装以及由此导致的界面能的变化。这些界面自组装表现出丰富的结构细节和变化。自组装的分子结构和这些结构对润湿或其他现象的影响仍然是广泛的科学和技术研究的主题。

　　例如，在海上漏油的情况下，对这种污染物的处理需要了解油的状态。油层的厚度取决于扩散特性。对生态（鸟类、植物等）的影响将取决于扩散特征。研究人员已经针对各种系统研究了液$_1$-固-液$_2$的杨氏方程。研究发现，液$_1$-固-液$_2$表面张力以给定的接触角相遇。例如，水滴和辛烷在特氟龙表面的接触角为 50°（Chattoraj and Birdi，1984）（图 4.3）：

水（液体）-特氟龙（固体）-辛烷（液体）

　　在该系统中，接触角 θ 与不同的表面张力有关，如下：

$$\gamma_{固体-辛烷} = \gamma_{水-固体} + \gamma_{辛烷-水} \cos\theta \qquad (4.6)$$

或

$$\cos\theta = \left(\gamma_{\text{固体-辛烷}} - \gamma_{\text{水-固体}}\right)/\gamma_{\text{辛烷-水}} \qquad (4.7)$$

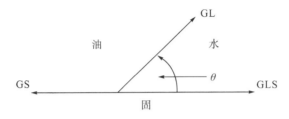

图 4.3 水-特氟隆-辛烷界面处的接触角

由式 4.7 可得，$\theta=50°$，与实验值相同。该分析表明，推导杨氏方程的假设是有效的。该实例类似于油页岩-盐水相。目前已有关于页岩岩石润湿行为的研究报道(Borysenko et al.，2008)。

在页岩储层中，注入水相(水力压裂液)以产生裂缝(在高压下)(Borysenko et al.，2008；Shabro et al.，2012)。该过程表明系统的润湿性质是研究者感兴趣的主要参数之一。相关学者已经研究了储层的亲水或疏水(亲水-疏水平衡[HLB])特征(Borysenko et al.，2008)。储层被分为水湿、油湿或混湿页岩。通过接触角测量可以确定这些特性。通过对不同的岩石(石英、高岭石、蒙脱石、页岩)进行研究可知，接触角数据的差异与固体的水湿或油湿性质有关。

水力压裂过程中，将流体(水加添加剂)注入储层。为了在压裂之后保持裂缝打开，使用二氧化硅颗粒(或类似物)。压裂后释放压力。注入的流体(与一些储层盐水混合)向上流回井筒。然而，由于吸附等，大部分注入的流体(超过60%)保留在储层中。回流的流体称为返排。

此外，流体返排程度(压裂后)将取决于页岩的润湿性质。研究人员对润湿特性和断裂过程进行了研究(Borysenko et al.，2008；Aderibigbe，2012；Donaldson et al.，2013)。在压裂工艺后，气体(解吸)将水相推向钻孔(即在压力降低之后)。该现象的机理与页岩的润湿特性有关，与返排的水量和其他相关方面也有重要关系。此外，总有机物含量(total organic content，TOC)也与润湿特性有关。TOC是影响物质润湿性的重要参数，主要是由于TOC表征有机物的含量，其润湿性弱于矿物质含量(高润湿性)(附录Ⅰ)。因此，润湿程度将取决于TOC。

表面(固体或液体)最重要的特性是它与其他材料(气体、液体或固体)的相互作用。自然界中的所有相互作用受不同种类的分子力(如范德瓦耳斯力、静电、氢键、偶极-偶极相互作用)控制。基于各种分子模型，γ_1 和 γ_2 两相之间的表面张力 γ_{12} 为(Adamson and Gast，1997；Ross，1971；Chattoraj and Birdi，1984；van Oss，2006；Birdi，2016；Hansen，2007)

$$\gamma_{12} = \gamma_1 + \gamma_2 - 2\Phi_{12}(\gamma_1\gamma_2)^2 \tag{4.8}$$

其中，Φ_{12} 与界面上的相互作用力有关，而界面力取决于两相的分子结构。在诸如烷烃（或石蜡）-水系统中，它们的 Φ_{12} 在式（4.8）中等于 1。Φ_{12} 是一致的，因为烷烃分子不具有氢键性质，而水分子是强氢键键合的。在所有液-固界面中，将存在不同的非极性（分散）力+极性（氢键；静电力）力。因此，所有液体和固体都会表现出不同种类的 γ：

- 液体表面张力：

$$\gamma_{L} = \gamma_{L,D} + \gamma_{L,P} \tag{4.9}$$

- 固体表面张力：

$$\gamma_{S} = \gamma_{S,D} + \gamma_{S,P} \tag{4.10}$$

其中，$\gamma_{L,D}$ 表示液体的色散力；$\gamma_{S,D}$ 表示固体的色散力；$\gamma_{L,P}$ 表示液体的极性力；$\gamma_{S,P}$ 表示固体的极性力。

这意味着特氟龙的 γ_S 仅由色散力（SD）产生。另一方面，玻璃（或石英、岩石、二氧化硅或其他矿物）表面显示 γ_S，其由 $\gamma_{S,D}$ 和 $\gamma_{S,P}$ 组成。因此，特氟龙和玻璃表面之间的主要区别为玻璃的 $\gamma_{S,P}$ 组分。这在黏合剂的应用中是重要的。用于玻璃的黏合剂需要与具有极性和非极性力的固体结合。

固体表面张力如表 4.2 所示。

表 4.2   固体表面张力

固体	γ_S	$\gamma_{S,D}$	$\gamma_{S,P}$
特氟龙	19	19	0
聚丙烯	28	28	0
聚碳酸酯	34	28	6
尼龙 6	41	35	6
聚苯乙烯	35	34	1
PVC	41	39	2
凯夫拉尔 49	39	25	14
石墨	44	43	1

不同固体力的估计与各种实际系统（如黏附、胶合、摩擦等）相关。

与极性和非极性力相关的固体表面张力特别重要。此外，作用在液体表面的不对称力远小于固体表面上预期的力。这是由于稳定固体结构需要高能量。

4.3 固体的表面张力

如第 2 章所述，由于不对称的力，液体表面的分子处于张力状态。然而，在固体表面，人们可能无法清楚地设想这种不对称性。简单的观察可以帮助人们认识到这种表面张力的不对称性也存在于固体中。让我们分析放置在两个不同光滑固体表面上的一滴水(约 $10\mu L$)的状态。例如，特氟龙(不润湿：$\theta>90°$)和玻璃(润湿：$\theta<90°$)，其接触角是不同的(图 4.4)。接触角的定义如图 4.4 所示。由于两个系统中水的表面张力相同，因此接触角的差异只能是因为固体的表面张力不同。

固体　　　　　　　　　　　　　　液体

图 4.4　粗糙固体表面上液滴的表观或真实接触角

液体的表面张力可以直接测量(如第 2 章所述)。然而，众所周知，在固体表面这是不可能的。因此通过间接方法(如液-固接触角数据)估算固体的表面张力。实验表明，当液滴放置在固体表面上时，接触角 θ 表示分子与界面的相互作用。这表明这些数据可用于估计固体的表面张力。压裂过程还与页岩的表面张力和压裂水溶液的表面张力有关。

4.4 液体在固体表面上的接触角

如上所述，固体与液体接触会导致与不同表面力之间的相互作用。可以采用以下方法进行研究：如果在特氟龙或玻璃的光滑表面上放置一小滴(几微升)水，如图 4.4 所示，就会发现这些水滴的形状不同。原因在于存在三个表面力(张力)，其在热力学平衡时产生接触角 θ。杨氏方程描述了三相边界线处力的相互作用(液体表面张力、固体表面张力、液固表面张力)，认为这些力沿着一条线相互作用。实验数据表明确实如此。因此，θ 的大小仅取决于最接近界面的分子，并且与远离接触线的分子无关。此外，人们定义：
- 当 θ 小于 $90°$ 时，表面会润湿(如玻璃上的水)
- 当 θ 大于 $90°$ 时，表面不润湿(如特氟龙上的水)

* 当 θ 等于 0°时，可以观察到液体和固体分子之间存在强烈的吸引力

通过用合适的化学品处理玻璃表面，可以使表面变得疏水。此外，通过适当的处理，可以使聚苯乙烯(PS)的非润湿(疏水)表面更加润湿(亲水性)(Birdi，1989)。研究人员发现，用硫酸处理 PS 可以使其表面变得更亲水(并且可以吸引细菌的结合等)。这与许多器具中使用的技术相同，这些器具用特氟龙或类似物进行处理。

4.5　在液体-固体界面处接触角的测量

液体和固体之间接触角 θ 的大小可以通过各种方法确定。使用的方法取决于系统和所需的准确性。有两种最常见的方法：一种是使用直接显微镜和测角仪，另一种是使用摄影和数字分析。需指出的是，通常在这种测量中使用的液滴体积非常小，为 10~100μL。有两种人们比较感兴趣的体系：液-固或液$_1$-固-液$_2$。对于某些工业系统(如米油)，需要在高压和高温下确定 θ。在这些系统中，可以使用摄影来测量该值。近年来由于可以通过计算机程序分析数据，因此也使用了数字摄影。

从这些数据中考虑一些一般性结论是很有用的(表 4.3)。如果 $\theta<90°$，则将固体表面定义为润湿；如果 $\theta>90°$，则将固体表面定义为不润湿。这是一个实用的半定量程序。还可以看出，由于氢键特性，水在非极性表面[聚对苯二甲酸乙二醇酯(PET)]上表现出大的 θ。另一方面，人们发现极性表面(玻璃、云母)的 θ 值较小。

表 4.3　不同固体表面上水的接触角 θ(25℃)

固体	接触角 $\theta/(°)$
特氟龙	108
石蜡	110
聚乙烯	95
石墨	86
碘化银	70
聚苯乙烯	65
玻璃	30
云母	10

然而，在一些应用中，可以通过表面的化学改性来改变表面性质。例如，PS在表面具有一些弱的极性基团，如果用形成磺酸基团的 H_2SO_4 处理表面(Birdi，

1981)，将导致 θ 值低于 $30°$(取决于硫酸和 PS 表面之间的接触时间)。PS 培养皿用于培养细菌。然而，细菌(通常带负电)不附着在 PS 上(它是电中性的)。用硫酸(或类似物)处理后，发现细菌附着在盘子上并生长。该处理(或类似)已用于许多其他应用中，其中固体表面被改性以实现特定性质。由于仅修改了表面层(几个分子深)，因此体相中的固体性质不会改变。该分析表明，研究表面接触角与应用特性之间的关系具有重要意义。

水的接触角大小取决于固体表面的性质。在汽车油漆的蜡表面上，θ 几乎为 $100°$。业界努力创造使 $\theta > 150°$ 的表面，即所谓的超疏水表面。较大的 θ 值意味着水滴不会弄湿汽车抛光剂并且很容易被风吹走。汽车抛光剂还可以留下高度光滑的表面。许多工业应用中涉及光滑和粗糙的表面。粗糙表面上的 θ 分析比光滑表面上的分析要复杂一些。粗糙表面上的液滴(图 4.4)可能会显示实际 θ，实际值(实线)或某些较低值(明显)(虚线)具体取决于液滴的方向。

然而，无论表面多么粗糙，固体与液体之间的表面力都是一个定值。接触角是热力学量，仅与表面张力平衡有关。粗糙度的状态或程度与表面力的这种平衡状态无关(Birdi，1993)。如果使液滴移动，表面粗糙度可能显示接触角滞后，但这将由其他参数(如润湿和去湿)决定(Birdi，1993)。此外，在实践中，不容易定义表面粗糙度。使用分形方法可以更好地理解这一特性(Feder，1988；Avnir，1989；Coppens，2001；Birdi，1993；Yu and Li，2001)。

尽管杨氏方程有时可能不适用于某些系统，但如果系统数据可用，则可以获得许多有用的结论。事实上，目前，工业界的许多重要研究都是基于杨氏方程。例如，在 $\cos\theta$ 的测量中，各种液体在特氟龙上的表面测量参数可以处理成直线关系：

$$\cos\theta = k_1 - k_2\gamma_L \tag{4.11}$$

也可以改写为

$$\cos\theta = 1 - k_3(\gamma_L - \gamma_{cr}) \tag{4.12}$$

其中 γ_{cr} 是 $\cos\theta=0$ 时 γ_L 的临界值。此方法已用于测量不同固体的 γ_{cr} 值(Adamson and Gast，1997)。特氟龙的 γ_{cr} 为 $18mN/m$，表明—CF_2—基团表现出低表面张力。对于—CH_2—CH_3—烷基链，γ_{cr} 比特氟龙的值高，为 $22mN/m$。事实上，从经验来看，人们还发现特氟龙是一种比其他任何材料都更好的防水表面。不同表面的 γ_{cr} 提供了关于表面力和分子结构的许多有用信息(表 4.4)。

这些数据(表 4.4)显示了与 γ_{cr} 相关的表面特征。在许多情况下，固体表面表现出的性能可能不是我们期望的，因此应该对表面进行相应处理，这会导致流体接触角的变化。

表 4.4　固体表面的一些典型 γ_{cr} 值

表面基团	$\gamma_{cr} / (mN/m)$
—CF$_2$—	18
—CH$_2$—CH$_3$—	22
苯基	30
烷基氯	35
羟烷基	40

来源：Ross，1963；Birdi，2002。

4.6　黏连和黏附理论

黏合剂在日常生活中被广泛应用。黏合剂可以是液体状或稠糊状，主要机理是基于聚合物的聚合或交联。此外，如果从固体表面除去黏合剂，则需要克服一定的表面作用力。W_{ad} 定义为暴露出每平方厘米固体面积需要做的功（Trevena，1975；Adamson and Gast，1997；Birdi，2016）。该过程需要破坏 $1cm^2$ 的界面 γ_{SL}，并产生 $1cm^2$ 的 γ_S 和 γ_L。因此，得到

$$W_{ad} = \gamma_S + \gamma_L - \gamma_{SL} \tag{4.13}$$

与杨氏方程式相结合，可得

$$W_{ad} = \gamma_L \left(1 + \cos\theta\right) \tag{4.14}$$

这表明，为了除去与固体表面接触的液体，所需的功取决于表面张力和接触角 θ。如果液体润湿固体表面（如玻璃上的水 $\theta < 90°$）：

$$W_{ad} = 2\gamma_L \tag{4.15}$$

因此，所做的功需要产生两倍的表面张力（分离或分解后每侧一个）。

因此，水力压裂液和页岩的润湿特性将是主要的关注点。目前，研究人员正在研究这种现象与水力压裂技术（附录Ⅱ）中的流体（主要是水）返排程度的关系。

4.7　在固体表面（页岩气储层）的吸附/解吸

所有固体表面都表现出与其周围环境（气体、溶液中的溶质）相关的特定吸附和解吸特性。

例如，在页岩储层中，考虑到压裂特性和气体采收（解吸），气体（如甲烷 CH_4）的吸附和解吸将是主要被关注的（图 4.5）。页岩气主要存在于细粒和富含有机物（干酪根）的岩石中，这些岩石有时被认为是源储层。它们是气体紧密结合并且释

放气体非常少的岩石。因此，页岩是天然气的烃源岩。在页岩气藏的采收过程中，气体（如甲烷 CH_4）的吸附和解吸是主要问题（图 4.5），主要目的是从页岩物质中采出吸附的气体（主要是甲烷）（即气体的解吸）（Chattoraj and Birdi，1984；Ross and Bustin，2007；Javadpour，2009；Kale et al.，2010；Ambrose et al.，2011，2012；Shabro et al.，2012；Birdi，1997，2016；Kumar，2011；Fengpeng et al.，2014；Wu et al.，1993；Theodori et al.，2014；Vafai，2015；Zelenev，2011；Yoon et al.，1990）。气体分子很可能存在于植物（有机物质，干酪根）转化为 CH_4 的地方，以此类推。因此预期甲烷分子将被精细地分散在高压和高温环境中，理解这种条件下的表面吸附-解吸力是很有帮助的（气固界面）（Kumar，2011）。而且，固体（即页岩）是状况复杂的岩石，而不是明确的或均匀的材料（Calvin，1969；Donaldson，2013）。

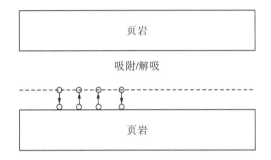

图 4.5　页岩气藏（气体的吸附-解吸）

天然气的采收率因页岩的来源而有所差异，因为页岩不同部分成分复杂且多变，特别是微孔岩石。例如，在页岩储层中发现的微孔岩石，现在被认为是重要的能源，这确实也在储层开采过程中被观察到。已知页岩的孔隙度非常低（附录 Ⅰ），解吸后的气体分子必须通过非常窄的孔（分子大小）移动。研究人员已经基于孔的大小分析了扩散机制。几十年来，人们一直在研究通过狭窄（分子尺寸）孔隙的气体扩散过程。最近的研究显示这个过程与克努森扩散相同（Knudsen，1952；Ruthven，1984；Feres and Yablonsky，2004；Bird，2007；Freman et al.，2009；Allan and Mavko，2013；Engelder et al.，2014）。微孔岩石的模型研究基于以下参数：

- 吸附单分子层
- 克努森扩散
- 作为压力的函数

对于不同的岩石，预计孔径（和形状）分布也会不同。据报道，渗透率为 $10^{-18}\sim10^{-21}m^2$，孔径范围为几纳米至几微米，略大于甲烷分子的平均自由程。最近的研究表明，页岩气采收率与下述模型有关[图 4.6（a）和图 4.6（b）]：

扩散—吸附/解吸—达西流动

气体的扩散过程与孔径有关[图4.6(b)]。不同的气体扩散机制如下：

- 孔径/工艺类型
- $10^{-4}\sim10^{-3}\mu m$：分子扩散
- $10^{-3}\sim10^{-2}\mu m$：表面扩散(横向扩散)
- $10^{-2}\sim10^{-1}\mu m$：克努森扩散(平均自由路径长度)
- $10^{-1}\sim10\mu m$：自由扩散

由于页岩中的孔径范围很宽，因此它由不同扩散过程组合而成的。在已经报道的各种模型流动分析中，分子扩散的影响被认为是重要的。随着时间的推移，气体成分在生产过程中发生克努森扩散，这在一些页岩气基质中比较重要。在气体动力学的经典理论中，平均自由程(L)定义为分子在与另一个气体分子碰撞之前可以行进的平均距离。克努森数(Kn)定义为L与孔喉直径(d_p)的比值：

$$Kn = L / d_p$$

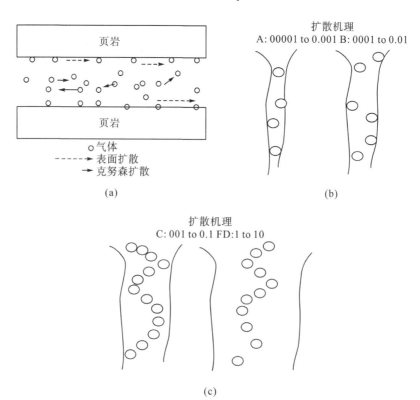

图4.6 (a)页岩储层中天然气采收的扩散模型；(b)多孔固体中的不同传输机制(A)分子扩散，(B)表面扩散；(c)克努森扩散和自由扩散(微米级)

达西定律适用于 Kn 小于 0.001 的系统。因此，气体采收是一系列特定的表面相关步骤。在页岩气藏中：

固相（页岩）—气相（主要是甲烷）—水相

此外，页岩储层中的气体处于比井孔更高的能量状态。这与页岩气已扩散到常规储层这一事实一致。气相页岩储层稍微复杂一些，除解吸现象外还有其他因素，如孔内扩散（即克努森扩散）(Thomas and Clouse，1990；Freeman et al.，2009；Shabro et al.，2012；Fengpeng et al.，2014)(图 4.7)。其中，气体扩散发生在分子尺寸的孔中。由各种表面力确定的固体表面与气体或液体相互作用。固体表面上的吸附过程以下列方式描述：

- 吸附：气体或蒸汽（吸附物）吸附在固体表面（吸附剂）
- 吸附剂：大面积/重量 (m^2/g) 的固体表面
- 吸附物：吸附在固体表面上的物质
- 吸收：气体/蒸汽可能扩散到多孔固体中的过程

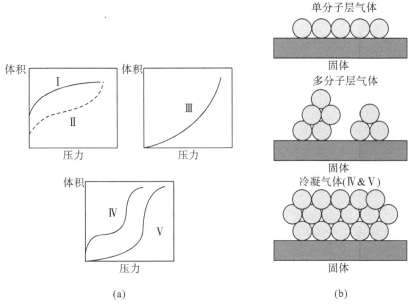

图 4.7　(a)气体体积与压力的关系图(Ⅰ，Ⅱ，Ⅲ，Ⅳ和Ⅴ型)(详见文字)；
(b)各种气体吸附现象的分子描述(Ⅰ，Ⅱ，Ⅲ，Ⅳ和Ⅴ型)

非极性分子（如甲烷）的吸附能主要是范德瓦耳斯型（已知它与气体的临界温度 T_c 有关）(Adamson and Gast，1997；Chattoraj and Birdi，1984；Birdi，2016；Somasundaran，2015)。在各种系统中，气体在固体表面上的吸附是非常重要的，特别是在涉及催化的工业中。在页岩气藏中，TOC 主要决定了吸附程度(Ross and

Bustin，2007；Chalmers and Busstin，2007）。气体中的分子运动速度非常快（动能），但在吸附时，动能会大大减少（因此熵 ΔS_{ad} 减小）（Chattoraj and Birdi，1984；Birdi，2016；Somasundaran，2015）。吸附自发发生，这意味着

$$\Delta G_{ad} = \Delta H_{ad} - T\Delta S_{ad} \tag{4.16}$$

ΔG_{ad} 是负的，这表明 ΔH_{ad} 也是负的（放热的）。固体上的气体吸附伴随着熵的降低（即 $\Delta S_{ad} < 0$ ）（Chattoraj and Birdi，1984；Auroux，2013；Somorjai，2000；Somasundaran，2016），这与吸附分子的自由度低于气态的自由度有关。气体的吸附可以是不同类型的。气体分子的吸附可以看作一种冷凝过程，或者与固体表面反应（化学吸附）。在化学吸附的情况下，人们期望化学键的形成。对于碳，当氧气吸附（或化学吸附）时，可以解吸 CO 或 CO_2。实验数据可以提供有关吸附类型的信息。页岩中也会出现这种类型的吸附现象（图 4.7）。在多孔固体表面，吸附可能引起毛细管凝结。这表明多孔固体表面将表现出一些特定的性质。

工业上最常见的吸附过程是催化反应（如由 N_2 和 H_2 形成 NH_3）。

固体表面在许多方面与其整体组成不同。特别是，商业炭黑等固体可能含有少量杂质（如芳烃、苯酚、羧酸）。这使其表面吸附特性不同于纯碳。

二氧化硅表面的组成被认为是 O—Si—O，以及与水分子相互作用（水解）后形成的羟基。不同基团的取向在表面上也有所不同。据报道，炭黑在表面上具有不同种类的化学基团（Birdi，2009），包括芳族化合物、苯酚、羧酸等。通过比较不同吸附剂（如己烷和甲苯）的吸附特性，可以估算它们在碳上的吸附位点，这是因为在所有固体表面上的吸附都是有选择性的。

当任何清洁的固体表面暴露于气体中时，气体都能以不同程度吸附在固体表面上。固体表面上的气体吸附可能不会停止在单层状态。只有当压力相当高时，才会发生多层（多层）吸附。在气体吸附过程中，实验得到的气体体积和压力的关系图见图 4.7。

这些分析表明有五种不同的吸附状态（图 4.7）。吸附等温线的数据基于气体体积与压力的关系（Schedulko，1966；Adamson and Gast，1997；Chattoraj and Birdi，1984；Kumar，2012）。各种吸附状态描述为：

- Ⅰ 型：这些是朗缪尔吸附获得的
- Ⅱ 型：这是观察到多层表面吸附时的最常见类型
- Ⅲ 型：这是一种特殊的类型，几乎只有多层形成，如在冰上吸附氮气
- Ⅳ 型：如果固体表面是多孔的，则发现类似于Ⅱ型
- Ⅴ 型：多孔固体表面Ⅲ型

发现这些吸附等温线与固体表面上的分子堆积有关，如图 4.7(b) 所示。Ⅰ 型是单层结构。Ⅱ 型是多层堆积，这是最常见的现象。Ⅲ型不是很常见，因为它是一个与吸附和冷凝焓相关的过程，如下所示：

吸附热≤冷凝热

等温线的Ⅳ型和Ⅴ型通常存在于多孔固体上。这表明是毛细管凝结现象在起作用（附录Ⅲ）。关于多孔固体表面上的孔，它们在 2～50nm 变化。该方面分类如下：

- 微孔的范围在 2nm
- 大孔指定大于 50nm
- 介孔在 2～50nm

Brunauer-Emmett-Teller（BET）模型表明，固体表面上的分子排列可以从吸附质的分子大小和几何排列来估算。吸附的气体分子的间距与吸附电位有关，这取决于不同的固体。BET 的单层堆积可以接近液态或固态。分子维数（A_m）可以估算为（Emmett and Brunauer，1937；Corrin，1951；Adamson and Gast，1997）

$$A_m = f_g (M / d_d N_A)^{2/3} \times 10^{14} (\text{nm}^2 / \text{molecule}) \tag{4.17}$$

其中，M 是气体的分子量；d_d 是体相的密度；N_A 是阿伏加德罗常量；f_g 是堆积系数（六边形填充等于 1.091）。

有人提出，在吸附的单层中，原子可以比在本体相（液体或固体）中更紧密地堆积。各种气体的 A_m 实验值和计算值见表 4.5。

表 4.5　各种气体的 A_m 实验和计算（液体密度）值

气体	温度/K	A_m/(nm²/molecule)	式(4.17)计算值
N₂	77.5	0.162	0.162
CO	77.5	0.160	0.147
C₅H₁₂	293	0.362	0.523
C₆H₁₄	273	0.390	0.589

这些数据表明存在一些分子几何堆积排列，如式(4.17)所示。然而，在非球形分子（C_5H_{12} 和 C_6H_{14}）的情况下，实验数据表明比液相中的间隔更大。

4.7.1　固体测量方法中的气体吸附

通过不同的实验方法测量了固体上气体吸附的机理（Adamson and Gast，1997；Kumar，2012；Somasundaran，2014；Birdi，2014）。由于气固系统在催化工业中是最重要的，因此我们对该方面的知识有了更多的了解。下面描述了一些测量方法。

4.7.1.1　固体吸附的气体体积变化方法

吸附过程中气体体积的变化原则上采用直接测量法，装置相对简单(图4.8)。

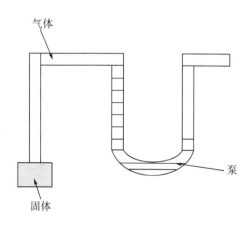

图 4.8　固体仪器上的气体吸附

可以使用压力计下方的汞(或类似类型的液体)储液器和滴定管来控制上述装置中的液体水平。校准涉及测量气体(V_g)线和空隙空间的体积(图4.8)。所有压力测量均在压力计右臂设置在固定的零点处时进行，这样压力变化时气体管线的体积也不会改变。将包括样品的设备抽空，并加热样品以除去任何先前吸附的气体。诸如氦气的气体通常用于校准，因为它在固体表面上表现出非常低的吸附。在将氦气推入设备之后，使用体积变化来校准设备并测量相应的压力变化。如果需要估计固体的表面积，则通常使用不同的气体(例如，N_2)作为吸附物。气体通过液氮冷却。打开样品管路的阀门，测量压力下降值。在表面积计算中，对于一个吸附状态的氮气分子的面积记为$0.162nm^2$。由于 Hg 具有毒性，现代设备使用组合阀门来测量吸附气体体积的变化。商用仪器的设计中就包括这种现代探测器。

4.7.1.2　重量气体吸附方法

吸附在固体表面的气体量通常非常小。可以采用现代灵敏微量天平测量吸附等温线，灵敏度非常高，因为只测量了重量的变化。这些微量天平可以测量纳克、微克和更小的重量差异。利用这种极高的灵敏度，如果表面积足够大，就可以测量固体上单层吸附引起的重量变化。通常的程序是在一定压力下将样品暴露于吸附气体中，放置足够的时间达到平衡后，确定质量变化。在不同的压力下重复这一过程，绘制作为压力函数的吸附物质的量，得到吸附等温线。微量天平(不锈钢)

可以处理高达 120MPa(120atm)的压力,因此可以使用在极低压力下微弱吸附或沸腾的气体。

4.7.1.3 朗缪尔气体吸附

通过应用朗缪尔吸附理论(Chattoraj and Birdi,1984;Engelder,2014;Shabro et al.,2014;Fengpeng et al.,2014)分析了页岩气采收率。已知气体采收(主要是解吸和扩散过程)是一个复杂的过程。目前,没有标准或可行的模型来预测页岩地层的天然气产量(Passey et al.,2010;Lu et al.,1995;Gault and Stotts,2007;Javadpour,2009;Sondergeld et al.,2010;Ambrose et al.,2010;Kale et al.,2010;Freeman et al.,2010;Swami and Settari,2012;Zhai et al.,2014)。根据朗缪尔模型(Adamson and Gast,1997;Birdi,2016;Shabro et al.,2012)假设只有一层气体分子吸附。在仅存在给定数量的吸附位点的情况下,单层气体的吸附可以表示如下:

体相中的气体分子+吸附剂表面上的活性位点=气固体的局部吸附

这是最简单的吸附模型。吸附的气体量 N_s 与单层覆盖率 N_{sm} 有关,如下(附录 II):

$$N_s / N_{sm} = ap / (1 + ap) \tag{4.18}$$

其中,p 是压力;a 取决于吸附能量。

该等式可以重新排列为

$$p / N_s = \left[1 / (aN_{sm}) + p / N_{sm} \right] \tag{4.19}$$

p / N_s 与 p 的关系图可用于分析系统。该图将是线性的(通常),斜率等于 $1/N_{sm}$。交点给出了 a 的大小。平衡状态由表面和气体的压力和化学势能控制。

考虑气体吸附数据的一些例子通常是有用的,如木炭可单层吸附 15mg 的 N_2。另一个例子是在云母表面上吸附 N_2(在 90K 下)(表 4.6)。

表 4.6 压力与吸附气体体积、对应数据

压力/Pa	吸附气体体积(标准状况下)
0.3	12
0.5	17
1.0	24

在式(4.18)中,假设:

- 分子吸附在确定的位置上
- 吸附后分子稳定

很明显,吸附的气体量随压力增加。在该系统中,人们发现压力和吸附量之

间的关系是

压力增加=1.0/0.3=0.33

吸附的气体体积增加=24/12=2

这意味着在气藏中，当压力下降时(在压裂步骤之后)，气体将被解吸，如在生产井中发现的那样。此外，可以从 p/N_s 对 p 的曲线估计固体表面积的大小。大多数数据在正常条件下符合该方程，因此它被广泛应用于分析吸附过程。发现云母(90°K)上氮的朗缪尔吸附数据为：

- p=1/Pa，V_s=24mm^3
- p=2/Pa，V_s=28mm^3

这表明当气体压力增加一倍时，吸附的气体量增加了 16.67%。

4.7.2　各种气体吸附分析

结合朗缪尔方程，可以推导出 N_s 和 p 之间的关系：

$$N_s = Kp \tag{4.20}$$

其中，K 是常数。这是众所周知的亨利定律，并且发现它对于低相对压力下的大多数等温线是有效的。在理论[式(4.16)]与实际不符的情况下，有学者提出了范德瓦耳斯方程类型的修正。

吸附-解吸过程在许多系统中都很重要[如水泥、油气储层、地下水流(污染)等]。在某些条件下吸附后，水蒸气可在孔隙中冷凝，这可以通过分析吸附-解吸数据来进行研究(图 4.9)。

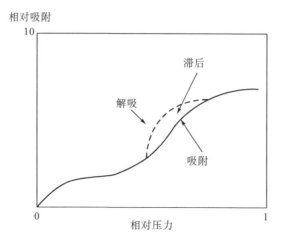

图 4.9　气体在固体上的吸附(N_s/N_{sm}=相对吸附)对压力(p/p^0=相对压力)

多层气体吸附：在一些系统中，气体分子的吸附进行到更高水平，可以观察到多层吸附。Ⅰ型的吸附等温线对应于朗缪尔方程。从数据分析中发现了多层吸附(图 4.10)。

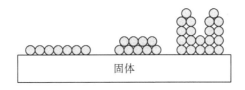

图 4.10　固体多层吸附的 BET 模型

Ⅱ型等温线表示具有高吸附电位的多层吸附。在高吸附电位的表面上观察到此种类型。Ⅲ型表示低吸附潜力。在多孔固体表面上这种类型相对罕见，可以在以下系统中观察到：

- 溴吸附在硅胶上
- 在冰上吸附氮

在多孔固体上观察到Ⅳ型和Ⅴ型等温线。多层吸附数据导出的改进的 BET 方程可以提供有用的信息。多层膜中的焓与吸附过程的差异有关，并由 BET 理论定义如下：

$$E_{BET} = \exp\left[\left(E_1 - E_v \right) / RT \right] \tag{4.21}$$

其中，E_1 和 E_v 是解吸的焓。因此，在朗缪尔方程修改之后，BET 方程变为

$$p / \left[N_s \left(p^0 - p \right) \right] = 1 / E_{BET} N_{sm} + \left[\left(E_{BET} - 1 \right) / \left(E_{BET} N_{sm} \right) \left(p / p^0 \right) \right] \tag{4.22}$$

根据该方程左侧的吸附数据与相对压力 (p/p^0) 的关系图，我们可以估计 N_{sm} 和 E_{BET}。发现 E_{BET} 的大小可以给出Ⅲ型或Ⅱ型数据图。实验表明，当 E_{BET} 值较低时，意味着吸附物与固体之间的相互作用较弱，可以观察到Ⅲ型图。

4.7.3　溶液在固体表面上吸附溶质

另一种系统，即从固体表面上的溶液中吸附溶质，在日常生活中非常重要，涉及水净化、海洋中的溢油、工业废水处理、液压压裂技术等。

清洁的固体表面实际上是周围环境分子吸附的活性中心，如空气或液体。实验表明，完全清洁的金属表面，当暴露在空气中时，会从周围环境吸附单层氧气或氮气(或水)(Freundlich, 1926; Birdi, 2016)。或者，当完全干燥的玻璃表面暴露在空气中(有一些水分)时，表面会吸附单层水(水分)。换句话说，固体表面不像肉眼看上去那样惰性。固体表面会产生很多的反应，例如金属表面的腐蚀和油气藏储层岩

石表面的物理化学反应。此外，在水力压裂中，添加剂在固体(页岩等)表面上的吸附对于该过程是重要的。据报道，一些分子(如醇类和表面活性物质)与岩石中裂缝的形成有关(Rehbinder and Schukin，1972)。如附录II所述，人们发现在压裂液中，醇类[或其他类似的表面活性压裂物质]可用于页岩储层改造技术。

可以使用吉布斯吸附等温线分析溶质在液体表面的吸附，因为溶液的表面能 γ 可以很容易地被测量(Chattoraj and Birdi，1984；Adamson and Gast，1997；Birdi，2003，2016；Freundlich，1926)。然而，对于固体基质，情况并非如此，并且必须以某种其他方式测量吸附密度。在目前的情况下，需要监测溶液中吸附物的浓度。可以使用基于质量作用平衡方法的简单吸附模型来代替吉布斯方程。在任何固体表面上，预计每克 (N_m) 固体都存在一定数量的吸附位点，任何吸附物可以自由吸附。假定一个分数 θ 将由一个吸附溶质填充，且在表面存在吸附-解吸过程：

$$吸附速率=(溶解浓度)(1-\theta)N_m \tag{4.23}$$

$$解吸速率=(溶解浓度)(\theta)N_m \tag{4.24}$$

众所周知，在均衡时，这些比率必须相等：

$$k_{ads}C_{bulk}(1-\theta)N_m = k_{des}\theta N_m \tag{4.25}$$

其中，k_{ads}、k_{des} 是各自的比例常数；C_{bulk} 是溶质的本体溶液浓度。

平衡常数 $K_{eq}=k_{ads}/k_{des}$，给出

$$C_{bulk}/\theta = C_{bulk}+1/K_{eq} \tag{4.26}$$

由于 $\theta=N/N_m$，其中 N 是每克固体吸附的溶质分子的数量，可以写出

$$C_{bulk}/N = C_{bulk}/N_m+1/(K_{eq}N_m) \tag{4.27}$$

因此，对于一系列浓度 (C) 测量 N 时应该给出 C_{bulk}/N 对 C_{bulk} 的线性图，其中斜率给出 N_m 的值并且截距是平衡常数 K_{eq} 的值。该吸附模型称为朗缪尔吸附等温线。该实验的目的是测试该等温方程的有效性并测量每克木炭的表面积，如果已知每个溶质分子的面积，则可以很容易地从测量的 N_m 值推出表面积。在经典实验中，吸附实验步骤如下：摇动固体样品(例如，活性炭)与具有已知浓度的溶质的溶液接触；达到平衡后(通常在24h后)，通过合适的分析方法测定吸附的溶质量；还可以使用染料溶液(例如，亚甲基蓝)，并且在吸附之后，通过光谱方法(拉曼、可见光、紫外线或荧光)测量溶液中的染料量。

4.7.4 固体表面积(面积/重量)的测定

在所有使用细碎粉末的场景中(如滑石粉或木炭粉)，其性质主要取决于每克粉末的表面积[从几平方米/克(滑石粉)到 $1000m^2/g$ 以上(木炭)]。例如，如果需要使用木炭从废水中去除某些化学物质(如着色物质)，则必须知道完成该过程所需

的吸附剂量。换句话说，如果在使用木炭时需要 $1000m^2$ 的吸附量，则需要 1g 固体。事实上，在正常情况下，一个人吞下木炭是很危险的，因为木炭会从胃内层吸附必需物质(如脂类和蛋白质)。

通过溶液吸附研究对细碎固体颗粒的表面积进行预估与气体吸附实验类似，但对于更大的分子，其表面取向和孔渗透性可能是不确定的。第一个条件是遵循确定的吸附模型，实际上，这意味着区域确定仅限于简单朗缪尔方程[式(4.26)]有效的情况。例如，根据式(4.26)从数据图中找到恒定速率，然后从式(4.27)得到比表面积，通常就可以从文献中找到吸附剂的表面积(如分子模型)。

在使用 BET 方法的气体吸附的情况下，使用吸附分子的范德瓦耳斯区域是合理的。在足够小甚至是单原子的情况下，表面取向不是主要问题。然而，从溶液中吸附的情况下，吸附可以是化学吸附。

在一些著作中，脂肪酸吸附也被用于表面积估算。因为已知脂肪酸垂直于覆盖表面(自组装，单层形成)，并且每分子的密堆积面积约为 $20.5Å^2$。在所有这些情况下，吸附可能是化学吸附，涉及氢键或与表面氧原子形成盐。如果使用极性溶剂以避免在第一层顶部形成多层吸附，则获得的表面积可随所用溶剂而变化。在石墨烯表面上吸附硬脂酸分子，这一过程符合朗缪尔方程的规律，硬脂酸分子在吸附表面较为平坦。

在压裂液中，人们使用各种添加剂(附录Ⅱ)。了解这些物质在页岩储层中的吸附特性非常重要。表面活性剂在聚碳酸酯上的吸附表明，根据表面活性剂的浓度，吸附的分子可能平铺在垂直于它的表面上，或者形成双分子层。从实验数据可以很容易地确定吸附机理。在双层吸附的情况下，人们发现了电荷反转现象。

第二类吸附物是基于染料用途的吸附物。该方法的优点是易于测量染料浓度(小于百万分之一)。吸附平衡通常遵循朗缪尔方程，是多层的。例如，石墨上甲烷蓝的表观分子面积为 $19.7Å^2$ 或大于 $17.5Å^2$ 的实际分子面积，但球形氧化表面的表观值约为 $10.5Å^2$。然而，该方法假定染料的分子作为溶液中的单体存在。许多研究者使用脂肪酸吸附法。在某些情况下，人们还使用吡啶(作为吸附物)进行固体氧化物的表面研究，吸附数据遵循朗缪尔方程，吡啶的有效分子面积约为每分子 $24Å^2$。

已有文献采用许多不同的方法来估计固体的表面积。可以通过从带电界面排除带相同电荷的离子来估计表面积。该方法很有趣，因为不需要估计位点或分子区域。通常，通过溶液吸附研究确定表面积虽然在实验上方便，但可能无法提供最正确的信息。尽管如此，如果对于某个给定的体系，溶液吸附程序已经被标准化并通过了独立检查，那么它在确定一系列相似材料的相对面积方面就是非常有用。在所有情况下，它也更真实，因为它是在现实生活中发生的事情。

吸附分析的实验方法：典型的方法是使用 1.0g 氧化铝粉末并加入 10mL 不

同浓度的表面活性剂溶液。摇动混合物并通过一些合适的方法估算表面活性剂的浓度。在 2～4h 后体系达到平衡，发现表面活性剂如十二烷基氯化铵（DAC）可吸附 0.433mM/g 氧化铝，表面积为 55m²/g。由硬脂酸吸附测定的氧化铝表面积（和使用单层的 21Å² 的面积/分子）得到的值为 55m²/g。对这些数据进行更详细的分析：

$$表面积 = 55(m^2/g)$$
$$吸收总量 = 0.433(mM/g)$$
$$= 0.433 \times 10^{-3} \times 10^{23}(个分子/g)$$
$$= 0.433 \times 10^{20}(个分子/g)$$
$$DAC的分子表面积 = 55 \times 10^4 \times 10^{16}(Å^2)/0.433 \times 10^{20}$$
$$= 55/0.433(Å^2)$$
$$= 127(Å^2)$$

该值与其他实验的数据一致。对于各种表面活性剂获得的吸附等温线显示，当表曲活性剂浓度超过临界胶束浓度（CMC）时可以获得平衡值。吸附量在 40℃时比在 20℃时大，但是吸附曲线的形状是相同的（Birdi，2003）。人们还可以计算出以单层的形式吸附在木炭上（1000m²/g）的小分子的数量，如吡啶。数据如下：

每个吡啶分子的面积 = 24Å² = 24×10⁻¹⁶(cm²)

1g 木炭的表面积 = 1000m² = 1000×10⁴(cm²)

吸附的吡啶分子 = 1000×10⁴cm²/24×10⁻¹⁶(cm²/分子) = 40×10²⁰(分子)

吸附的吡啶/每克炭的量 = [40×10²⁰(分子)/6×10²³]100 = 0.7(g)

这个例子可以验证木炭（或每克具有大表面积的类似物质）在通过吸附去除污染物方面的应用。

4.8 固体吸附和压裂过程中的表面现象

当施加足够的力时，任何固体结构都会破裂。几十年来学者一直在研究固体结构破坏的机理。下面简单描述这种相对复杂的现象。考虑一个特殊的例子：浸入液相中的固体（固体浸没在水溶液中）。浸入水溶液中的固体将吸附溶质，如前所述。已有文献报道了当施加合适的压力时具有表面活性特性的液体对破裂过程的影响（El-Shall and Somasundaran，1984）。固体破裂所需的最小应力 $S_{固体}$ 为

$$S_{固体} = (E_Y \gamma)/L_{断裂} \tag{4.28}$$

其中，E_Y 是杨氏模量；γ 是裂缝产生的表面的自由能；$L_{断裂}$ 是裂缝（断裂）长度。

各种研究表明，表面活性断裂物质(surface active fracture substances，SAFS)对裂缝形成的应力能量有影响(通过降低γ的大小)，SAFS(如乙二醇)对水泥的影响(Gupta and Hildek，2009；Ma and Holditch，2016)。在压裂过程中，人们根据其分子结构选择使用不同 SAFS 加入液体。

4.9　固体表面上的吸附热

为了理解反应过程的机理，我们需要知道反应的热量。固体表面与其周围分子(气相或液相)相互作用的程度不同。例如，如果将固体浸入液体中，两个物体之间的相互作用将是有意义的(图 4.11)。可以通过测量吸附热(除了其他方法)来研究物质与固体表面的相互作用[式(4.29)]。人们还需要了解这一过程是放热的还是吸热的，这有助于系统的应用和设计。量热测量提供了许多有用的信息。当固体浸入液体中时，人们会发现，在大多数情况下，会释放出热量(图 4.11)：

$$q_{imm} = E_S - E_{SL} \tag{4.29}$$

其中，E_S 是固体表面的表面能；E_{SL} 是液体中固体表面的表面能。

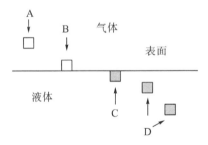

图 4.11　固体在液体中作用过程

q_{imm} 是通过量热法测量的，将固体(在细碎状态下)浸入给定液体中之后测量其温度变化。这些测量具有极高的热灵敏度，文献给出了许多系统数据。

可以预期，当极性固体表面浸入极性液体中时，将具有比液体是烷烃(非极性)时更大的 q_{imm}。表 4.7 描述了一些典型系统的值。

表 4.7 浸入热(q_{imm}) $(25℃$下的 erg/cm^2，$1erg/cm^2=1J/m^2)$

固体	液体	极性$(H_2O-C_2H_5OH)$	非极性(C_6H_{14})
极性	TiO_2；Al_2O_3；玻璃	400～600	100
非极性	石墨化炭黑，特氟龙	6～30	50～100

这些研究(表 4.7)表明，沉浸热数据可以用来研究吸附机理。具有极高灵敏度的现代量热仪为各种固液系统提供了许多有用的信息。

4.10　固体表面粗糙度

固体表面的性质(表面积、表面粗糙度)在许多应用中起着重要作用(Adamson and Gast，1997；Chattoraj and Birdi，1984)。事实上，在某些应用中，它是主要标准。例如，随着固体表面变得光滑，摩擦力明显降低。经过精细抛光，固体表面的光泽得到增强，这是因为能够与另一种固相或液相接触的表面分子的数量减少。因此，在某些情况下，人们更喜欢粗糙的表面(高摩擦力)(道路、鞋底)，而在其他系统(玻璃、办公桌)中，人们需要光滑、坚固的表面特性。人们发现，固体表面是通过不同的方法制造的：锯切、切割、车削、抛光或化学处理。所有这些程序都使固体表面产生不同程度的粗糙度。在工业中，人们发现了各种可以表征粗糙度的方法。抛光也是固体表面化学中的重要应用。抛光后产生的表面层在暴露于周围环境(空气、其他气体、氧化)后可能保持稳定或不保持稳定。抛光行业在很大程度上依赖于表面的分子行为。催化技术则是固体表面化学最重要的另一个应用领域(Chattoraj and Birdi，1984；Adamson and Gast，1997)。

4.11　摩　擦

摩擦定义为两个物体之间的滑动阻力(Adamson and Gast，1997)。通过使用合适的润滑剂(特定于每个系统)可以降低摩擦。在固体非常接近的情况下，表面粗糙度成为决定因素。这意味着两个粗糙表面之间的阻力更大。固体的可塑性或变形程度也会影响摩擦力；如果黏度很高，润滑剂也会降低阻力。因此，当一种固体滑动或与另一种固体摩擦时，存在各种参数，这些参数也称为摩擦系数(与摩擦有关)(Adamson and Gast，1997)。如果边界润滑减小了力场，则摩擦系数可以明显减小，这可以通过吸附膜实现(Adamson and Gast，1997)。

4.12 浮　选　现　象

固-液界面力已被应用于从水悬浮液(如废水处理或分离不同矿物的过程)中选择性分离固体。只有在极少数情况下才能找到纯净形式的矿物质或金属(如金)。地球表面由多种矿物质组成(主要成分是 Fe、SiO_2、氧化物、Ca、Mg、Al、Cr、Co、Ti)。在自然界中发现的矿物质总是混合的(如 ZnS 和长石)。为了分离硫化锌,将混合物悬浮在水中,并产生气泡以实现分离。这个过程称为浮选(比水重的矿物,被气泡漂浮)。浮选是一种技术过程,其中悬浮颗粒通过漂浮到液体介质的表面而使液体变得澄清(Klimpel,1995;Fuerstenau et al.,1985;Glembotskii et al.,1972;Kawartra,1995;Klassen and Mokrousov,1963;Rubinstein,1995;Yoon and Luttrell,1986;Adamson and Gast,1997;Fuerstenau et al.,2007;Leja,2012),这些颗粒可以被简单撇去。在经济上,这比任何其他方法便宜得多。如果悬浮颗粒(如矿物质)比液体重,则使用气体(空气、CO_2 或其他合适的气体)气泡来增强浮选。

浮选效率取决于气泡尺寸和尺寸分布,这一结果将其与界面张力联系起来。在某些情况下,通过添加表面活性剂或收集剂可以使所需的矿物质变得疏水;特定的化学物质取决于正在精制的矿物种类。例如,松油用于提取铜。然后将这种疏水的含矿矿石和亲水脉石的浆料(又称为纸浆)引入水浴中,向水浴充气,产生气泡。含矿物矿石的疏水颗粒通过附着在气泡上而从水中逸出,气泡上升到表面,形成泡沫。除去泡沫,浓缩的矿物质被进一步精炼。浮选工业是冶金和其他相关工艺中非常重要的领域。浮选方法可将水相中的矿物悬浮液(大小为 10~50μm)提取到空气(或一些其他气体)气泡中(图 4.12)。

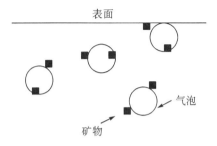

表面

气泡

矿物

图 4.12　气泡辅助下矿物(或其他材料)颗粒的浮选

浮选导致矿石与其混合物分离。有人提出,在其他表面力中,接触角起着重要作用。附着在固体颗粒上的气体(空气或其他气体)气泡应具有较大的分离接触角。同时在表面保持稳定。浮选所需的气泡是通过多种方法产生的，例如：

- 空气注入
- 电解方法
- 真空激活

例如，在简单的实验室实验中（Adamson and Gast，1997），可以使用以下配方：对于 1% 的 $NaHCO_3$ 溶液，可以添加几克沙子。然后，如果添加一些乙酸，产生的气泡会黏附在沙粒上并使它们漂浮在表面上。

在废水处理中，浮选是最重要的程序之一。它也用于矿物加工行业，矿场碎石用适当的表面活性剂（工业上也称为收集器）进行处理，然后将其分散在水中，在曝气时产生稳定的气泡，然后疏水矿物通过气泡的附着漂浮到表面，而亲水矿物颗粒沉淀到底部。收集剂分子优先吸附在矿物上使其具有疏水性。黄原酸盐已被用于浮选铅和铜，其中，黄原胶的吸附性主导了浮选结果。

5 固体表面特征

5.1 引　　言

实验表明，液-固体系具有显著的特殊性质，即润湿和吸附-解吸性能。许多与固体+液体系统特性相关的技术过程在日常生活中都是非常重要的。人们发现，任何固体表面的润湿(液体)特性在各种不同的系统中都起着重要作用。例如，当注入压裂液时(并且在井眼处回收相同的溶液时)，储层的润湿性将是系统的主要特征。页岩的组成成分不均匀[包括无机结构和有机(干酪根)结构]，因此不同页岩储层的润湿现象也有所不同(Morrow and Mason，2001；Drummond and Israelachvili，2004；Kumar，2005；Bolt and Kaldi，2005；Birdi，2016；Borysenko et al.，2008；Slatt，2011)。

另一个最重要的步骤是物质在固体表面上的吸附-解吸过程。这些现象是不同类型体系(如清洁工艺、油气藏、废水处理等)的关键步骤。例如，在废水处理、洗涤、涂料、黏附、润滑、采油等体系中，发现存在于液体和固体接触点处的表面力与二者的表面张力有关。液-固或液$_1$-固-液$_2$体系既是一个接触角(杨氏方程)又是毛细管现象(拉普拉斯方程)。这两个参数是

$$\cos\theta = \frac{\gamma_S - \gamma_{SL}}{\gamma_L} \tag{5.1}$$

$$\Delta P = \frac{2\gamma_L \cos\theta}{R} \tag{5.2}$$

下面将描述这些参数的一些重要现象。

5.2　石油和天然气采收(常规储层)和表面力

在常规储层中，石油通常在高温(80℃)和高压[200atm(约2km深度)]下存在。换句话说，这些储层中的油是在高温高压条件下产生的(附录Ⅰ)。所需的压力主要取决于储层岩石的孔隙度和油的黏度等因素。这就产生了一股通过岩石的油流，其流动的通道由不同尺寸和形状的孔组成。粗略地说，可以将油流与挤出海绵中

的水进行比较。相比于大孔海绵，人们需要更加努力才能从小孔海绵中挤出水。常规储层的孔隙度远高于非常规储层(页岩)，但是各类油藏的采收率依旧普遍较低(远低于100%)。调查发现，约50%的原油仍然无法被采出。这意味着到目前为止采出的所有石油都会在耗尽的油藏中留有20%～40%的残油。从长远来看，这可能是一个优势，因为随着石油供应短缺的加剧，我们可能被迫开发新技术来回收残油。事实上，大多数将要干涸的油井都是如此(附录Ⅰ)(Tunio et al.，2011；Birdi，2009，2016；Somasundaran，2015)。人们已经开始使用物理化学方法来提高采收率。在大多数油藏中，一次采收率是基于油藏气压下油的自然流动。在这些储层中，当气体压力下降时，则使用水驱或其他合适的方法(二次采油)，所需的压力由储层的毛细管力和油的黏度决定。该过程仍然导致30%～50%的原油残留在地层中。在某些情况下，可以添加表面活性剂或类似性能化学物质以增强石油通过多孔岩石结构的流动性，其原理是降低毛细管力(即$\Delta P=\gamma/$曲率)和接触角。上述过程被称为三次采油，目的是采出被困在具有毛细管状结构的多孔含油物质中的残油。添加表面活性物质(如表面活性剂等)则会降低油水界面张力(interfacial tension，IFT，从30～50mN/m到小于10mN/m)，在某些情况下需要使IFT尽可能的低。在三次采油过程中还可能需要设计更复杂的化学添加剂。在所有这些采油过程中，油相和水相之间的IFT是主要参数。另一个重要因素是在油藏注水期间，大量水相会绕过油藏中的油(图5.1)。这意味着若向储层注水来驱油，大部分水都会绕过油(旁路现象)无法将油采出。这种特性对于位于海上的平台来说是一个特殊的挑战，在那里较难进行废水处理。

推动油滴的压力差可能会大于水滴，导致所谓的旁路现象。换句话说，当采用注水方式进行驱油时，由于旁路现象，采出石油会减少，而更多的水会随着油被泵回。

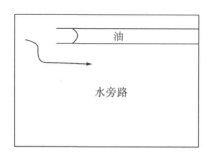

图5.1 油藏中的旁路现象

使用表面活性剂和其他表面活性物质可以降低油水之间的界面张力，如图5.1所示。被捕获的油斑和周围水相的压力差将是

$$\Delta P_{油,水} = 2\,\mathrm{IFT}\left(\frac{1}{R_1} - \frac{1}{R_2}\right) \tag{5.3}$$

因此，通过降低 IFT 的值（在表面活性剂的帮助下）（从 50mN/m 至 1mN/m 以下），采油所需的压力将降低。在水驱过程中，人们使用混合乳化剂。可溶性油用于各种油井处理工艺，如注水井的处理以提高注水率，去除生产井中的水堵塞。这同样适用于油井的不同清洁过程。事实证明上述方法是有效的，因为在这些混合物中发现了油包水微乳液，并且具有高黏度。胶束溶液基本上由烃、水相和表面活性剂组成，其量足以赋予乳液胶束溶液特性。其中，烃是原油或汽油，表面活性剂通常为烷基芳基磺酸盐型（石油磺酸盐）。

另一个需要考虑的毛细管现象是因为储层中的孔隙不是完全圆形的[已经报道了分形分析（Feder，1988；Birdi，2003a，2003b）]。在方形孔周围存在一定空隙，这时需要考虑角落的旁路现象，在圆形孔中则不存在这些问题。（Birdi et al.，1988）。表面张力 γ 的大小与方形毛细管的尺寸和液体的上升有关，如下：

$$\gamma = 1/2\left\{d_{液体}g_{重量}\left[S_{长度}\left(\frac{C_{常量}H_{增量}}{2} + C_{常量} + S_{长度}\right)\right]\right\} \tag{5.4}$$

其中，$d_{液体}$ 表示密度；$g_{重量}$ 表示重力；$S_{长度}$ 是方形毛细管的边长；$H_{增量}$ 是管道中液体的上升；$C_{常量}$（=1.089）是方形的毛细管常数。

将其与圆形毛细管数据[式(2.31)]进行比较很有意义。这两种关系之间的差异表明，复杂系统（如真实世界储层）中毛细管力的大小不会与理想化的圆形管道直接相关。圆形和非圆形（例如，方形）孔之间的主要区别在于其流体流动明显不同（图 5.2）。在油-水驱的情况下[图 5.2(a)]，旁路流量很大（如实际研究中所见）；水力压裂法的情况也是如此[图 5.2(b)]。气体无法将压裂液推回钻孔。在实际采收过程中也观察到这种情况，其中仅一小部分注入的水被采出。

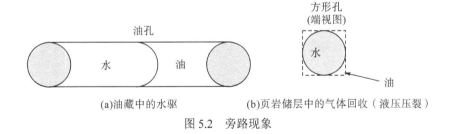

图 5.2　旁路现象

5.2.1　海洋石油泄漏和清理过程

石油是世界上运输量最大的物质之一，它主要通过油轮在不同国家间运输。毫无意外，这导致了海洋中的石油泄漏。位于海洋上的石油平台则是其他的石油

泄漏源，这严重危及了自然环境。全球对石油泄漏及其处理方法的关键都依赖于
表面化学原理（Birdi，2009，2016；Somasundaran，2010，2015）。如图 5.3 所示，
海面上的油处在各种不同状态中。

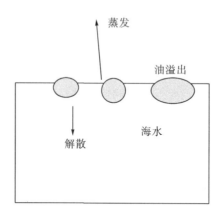

图 5.3   海洋溢油（溢油处理的不同阶段）

5.2.2   海洋（或湖泊）表面溢油的不同状态

海洋（或湖泊）表面溢油主要有以下状态：
(1)蒸发损失的油；
(2)通过下沉到底部（或与固体结合）损失的油；
(3)乳化（油水乳液）。
其中一种主要的处理方法是基于表面化学原理的应用［使用表面活性物质
(SAS)等]。根据区域（气候）和石油类型的不同，人们可以采用各种方法来处理石油
泄漏。油中的大部分轻质流体都会蒸发到空气中。吸附在固体悬浮液上的油会沉到
底部（或浮子）。剩余的油通常用合适的机器撇去。在某些情况下，人们还使用表面
活性剂来乳化油，这种乳液会沉到底部。然而，由于石油类型、位置和天气条件的
变化，漏油事件的具体情况是不同的。从广义上讲，有四种主要的处理方法。
(1)将油单独留下，以便通过自然方式分解。如果石油不可能污染沿海地区或
海洋工业，最好的方法是通过自然方式使其分解。风、太阳、潮流和波浪的共同
作用将迅速分解和蒸发大多数油。轻油比重油分解得更快。
(2)用吊杆控制泄漏物并使用收油机设备从水面收集。溢出的油浮在水面上，
最初形成厚度为几毫米的浮油。有各种类型的吊杆可用于包围和隔离浮油，或阻
止浮油通过某些区域，例如海水淡化厂或渔场围栏或其他敏感位置的入口。吊杆
类型从充气氯丁橡胶管到固体但有浮力的材料应有尽有（大多数在水线以上约 1m
处上升）。有些被设计成与潮汐面齐平，而其他设计适用于较深的水域，并且带有

下摆，这些下摆悬挂在水线以下约 1m 处。撇油器漂浮在吊杆的浮油顶部，将油吸入或舀入附近船只或岸上的储油罐中。然而，在大风和公海中部署时，吊杆和撇浮装置的应用效果较差。

(3) 使用分散剂(SAS)分解油并加速其被天然生物降解的过程。分散剂通过降低油-水界面处的 IFT 来抑制油和水的混合，然后形成小的油滴，这有助于通过水的运动促进油的快速稀释。液滴的形成还增加了油的表面积，从而加快了油的自然蒸发和细菌作用。分散剂在初次泄漏后的数小时内使用是最有效的。但是，它们可能不适用于所有类型的石油泄漏和所有地点。石油通过水流成功扩散后会影响深海珊瑚和海草等海洋生物，还会导致潮下海鲜产品暂时性地积累石油。必须在每个案例中决定是否使用分散剂来处理溢油事故，该决定需要考虑漏油事件发生后的时间、天气状况、所涉及的特定环境以及溢油的类型。

(4) 向溢出物中引入生物制剂以加速生物降解。大多数沿海岸线被冲上来的石油成分可被细菌和其他微生物分解成无害物质，如脂肪酸和二氧化碳。这种行为被称为生物降解。现代溢油处理技术非常先进，可以在不同的条件下运行。最大的差异来自油，其中可能含有不同量的重组分(如焦油等)。

5.3 清洁剂的表面化学

洗涤剂工业是一个非常大且重要的领域，其中表面和胶体化学原理已被广泛应用。事实上，一些洗涤剂制造商已经参与了数十年非常复杂的研究和开发工作。众所周知，人类使用肥皂已有数百年之久。清洁织物或金属表面等物质主要是指从衣服(棉、羊毛、合成物或这些物质的混合物)表面除去污垢等，它旨在确保污垢被去除后不会重新沉积。干洗是不同的，因为干洗使用有机溶剂代替水。污垢通过不同的力(如范德瓦耳斯力和静电力)黏附在织物上。污垢的一些成分是水溶性的，一些是不溶于水的。使用的洗涤剂是根据工业和环境专门为这些特定工艺设计的。肥皂或洗涤剂的组成主要基于实现以下效果：

(1) 水溶液(水加上添加的化学物质)应该能够尽可能完全润湿纤维。这是通过降低洗涤水的表面张力来实现的，因此降低了接触角。低表面张力值还使洗涤液能够渗透到孔隙中(如果存在的话)，因为从拉普拉斯方程来看，所需的压力会低得多。

例如，织物(微棉，Gortex 面料)的孔径为 0.3μm，那么水将需要一定的压力($\Delta P = 2\gamma / R$)来穿透纤维。在使用水的情况下($\gamma = 72 \text{mN/m}$)，采用 105° 的接触角，我们得到：

$$\Delta P = 2 \times (72 \times 10^3) \cos 105° / (0.3 \times 10^6)$$
$$= 1.4 \text{bar}$$

(5.5)

(2)然后洗涤剂与污垢相互作用，开始从纤维中除去污垢并将其分散到洗涤水中。为了能够去除纤维上的吸附物，人们使用多磷酸盐或类似的无机盐。这些盐会增加洗涤水的pH(至约10)。在某些情况下，人们还使用合适的抗再沉积聚合物(如羧甲基纤维素)。不同洗衣剂、洗发剂或餐具洗涤粉的典型组成见表5.1。

表5.1　不同类型洗涤剂的典型组成

	洗衣粉/%	洗发水/%	餐具洗涤粉/%
烷基磺酸盐	10～20	25	—
肥皂	5	—	—
非离子	5～10	—	1～5
无机盐(聚磷酸盐，硅酸盐)	30～50		50
荧光增白剂	<1	—	—

值得注意的是，这些不同配方中洗涤剂的作用在每种情况下都是不同的。换句话说，现今的洗涤剂是为每一种特定的应用量身定制的。洗发水中的洗涤剂应该提供稳定的泡沫以增加清洁效果。另一方面，洗衣和餐具洗涤粉应该仅提供较低的表面张力并且几乎不起泡(因为发泡会降低清洁效果)。因此，在餐具洗涤配方中，使用非离子剂，它几乎不溶于水，因此产生很少或不产生泡沫。这些物质有时是属于环氧乙烷型(环氧乙烷[EO]-环氧丙烷[PO])。丙烯基团表现为非极性，氧化物基团表现为(通过氢键键合)极性。这些EOPO类型可以通过在表面活性剂分子中组合各种比例的EO:PO来定制。在某些情况下，甚至使用了氧化丁烯基团。此外，土壤主要由颗粒、油脂等物质组成。洗涤剂应该使土壤悬浮在溶液中并限制其再沉积。试验还表明，洗涤剂可稳定碳或其他固体(如氧化锰)在水中的悬浮液。这表明洗涤剂可以吸附在颗粒上。此外，向这些制剂中加入再沉积控制剂，如羧甲基纤维素。洗涤剂也是除去土壤油腻部分所必需的。洗涤剂在土壤颗粒上的吸附涉及去污过程。在20世纪60年代使用洗涤剂的早期阶段，过多的污水处理导致出现泡沫问题。后来，使用的洗涤剂具有更好的降解性能，也更可控。例如，发现直链烷基比支链烷基链更易降解(Birdi，1997)。这种观察也对其他过程产生了影响，例如地下水和水力压裂过程。

5.4　液体蒸发的蒸发速率

在许多自然现象(雨滴、雾、河流、瀑布)和工业体系(喷雾、石油燃烧发动机、清洁工艺、油墨打印机、油漆、石油泄漏)中，人们会遇到液滴、小滴和微滴与固体表面接触。这些液滴中液体蒸发速率在这些体系的功能中可能是重要的。目前的文献已经报道了对液滴蒸发(自由悬滴，滴在固体表面上)的广泛研究(Yu et al.，2004，2011；Birdi et al.，1989，1993，2002；Kim et al.，2007)。液滴具有下述重要参数：

- 液体
- 固体(塑料、玻璃)
- 接触角(θ)
- 高度、直径和体积
- 重量

学者们关于液滴的形状已经做出了一些假设。最准确的数据源于使用权重法(Birdi and Vu，1989)。不同的分析表明蒸发速率与液滴的半径呈线性关系。液滴的蒸发速率是半径(R_{drop})的函数：

$$蒸发速率=4\pi R_{drop}（扩散常数）（蒸汽浓度）$$

在多孔固体上，蒸发数据显示了三种不同的蒸发速率。固体的孔隙率与第三种蒸发状态有关。此外，水滴在特氟龙蒸发时(即非润湿表面)的表观接触角保持恒定。另一方面，随着水滴在玻璃上蒸发(即润湿表面)，表观接触角减小(图 5.4)。

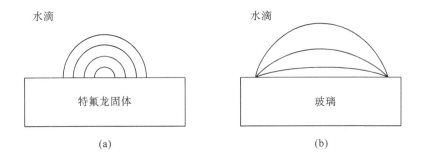

图 5.4　(a)特氟龙表面蒸发过程中水滴的分布图；(b)玻璃表面

这些分析旨在确定液体蒸发速率随时间的变化。因此，预期会有以下不同阶段：

(1)在自由状态下蒸发液体(如在普通液体中)；

(2)状态(1)后在固体上吸附液态。

因此，吸附状态(2)取决于固体表面的多孔结构。蒸发研究确实显示了吸附状态。根据这些数据，发现了吸附状态与孔隙度的良好相关性(Birdi and Vu，1989)。

5.5　黏　连　现　象

在工业和许多其他日常系统中，需要通过使用胶水或黏合剂来连接两个固体表面(Kamperman and Synytska，2012；Bissonnette et al.，2015；Starostina et al.，2014)：

- 金属塑料(汽车工业、建筑业等)
- 塑料在玻璃上
- 金属与玻璃
- 木材与木材(家具、房屋、船)
- 油气回收管道
- 飞机机翼、风车机翼

黏合剂的工作原理是基于固体表面能特征(即极性或非极性力)。在采油采气行业中，管道上要涂刷不同的材料(铁水泥、铁漆等)。这些涂层对管道的运行至关重要。黏附力与去除涂层所需的能量或破坏这种接触所需的能量相反。例如，将塑料黏附在玻璃上时，如果黏合剂填充每个黏附体表面的所有凹部和裂缝，则将获得最大的黏附力。这将去除无助于黏附的气穴。黏合剂或胶水的作用是提供黏合剂分子的机械互锁。黏合强度取决于该互锁界面的质量。为了实现最佳黏合，人们使用化学或物理研磨。研磨过程在固体表面产生许多有用的性质：增强机械互锁，形成清洁表面，形成化学反应性表面，并增加表面积(光滑表面具有比粗糙表面更小的表面积)。扩散键合是机械互锁的一种形式，通常发生在聚合物的分子水平上。黏接技术的科学应用非常广泛，以下给出一些简要描述以及实际示例。重要的是准备待黏合层的表面，即用黏合剂的稀溶液与有机溶剂混合来覆盖表面，以获得 0.0015～0.005mm 的干燥膜厚度，并在应用黏合剂将各层黏合在一起之前固化分离。另一个例子是环氧树脂黏合剂。环氧树脂是最好的，但是诸如环氧-酚醛树脂或环氧-多硫化物的复合树脂可以提供更好的抗剥离性。

用合适的溶剂稀释黏合剂，直至其具有与固体相同的表面张力。可以通过使用润湿测试来比较表面张力，即通过用黏合剂润湿表面并测量接触角。低接触角(<90°)表示有良好的润湿性和适当的黏合性。根据机械结合理论，为了有效地工作，黏合剂需要填充每个被黏物(待黏合体)的凹部和裂缝并取代滞留的空气。黏合力是黏合剂和被黏物在一起的机械互锁，并且黏合的总强度取决于该互锁界面的质量。通过化学或物理研磨可以实现最佳黏合。对黏附体进行研磨可以：

(1)增强机械互锁。

(2)创造清洁、无腐蚀的表面。

(3)形成化学反应性表面。

(4)增加黏合表面积。

扩散键合是机械互锁的一种形式，其发生在聚合物的分子水平上。吸附机理理论表明，键合是黏合剂和被黏物界面之间的分子间吸引过程(如范德瓦耳斯键合，或永久偶极)。根据该理论，黏合强度的一个重要因素是黏合剂对被黏物的润湿。润湿是液体扩散到固体表面上的过程，并且受液-固界面相对于液-气和固-蒸气界面的表面能量控制。在实际意义上，为了润湿固体表面，黏合剂应具有比黏附体更低的表面张力。

在一些带有带电表面的系统中，必须考虑静电力。静电力也可能是黏合剂黏合到黏附体上的一个因素。这些力来自于界面处产生电的双电层，并且被认为是抵抗黏合剂和被黏物分离的因素之一。根据该理论，含有极性分子或永久偶极子的黏合剂和黏附体最有可能形成静电键合。

该理论的开发是为了解释黏合材料失效的奇怪行为。在失效时，许多黏合剂不会在黏合界面处破裂，而是在界面附近的黏附体或黏合剂内稍微破裂。这表明在两种介质之间的界面周围形成弱物质的边界层。以下描述了一些黏合剂失效的机理。黏接接头中两种主要的失效机理是黏合失效或内聚失效。黏合失效是黏合剂与其中一个黏附体之间的界面失效。它表示边界层较弱，通常由表面处理或黏合剂选择不当引起的。内聚破坏是黏合剂或黏附体(极少)的内部破坏。

理想情况下，黏合将在一个黏附体或黏合剂内失效。这表明黏合材料的最大强度小于它们之间的黏合强度。通常，一般情况下，连接面失效的原因是不完全黏结和不完全黏附。因此很明显，为了良好地黏合，表面需要进行清洁。人们需要去除任何污垢、油脂、润滑剂、水或湿气，以及薄弱的表面鳞片。溶剂用于清洁固体表面的灰尘，如用不影响其任何物理性质的有机溶剂清除被黏物上的灰尘。下述方法被认为是有效的清洁手段：

(1)蒸汽脱脂。

(2)溶剂擦拭、浸泡或喷涂。

(3)超声波蒸汽脱脂。

最方便的方法是超声波处理，随后用溶剂冲洗表面。还可以使用其他中间程序：如研磨擦洗、锉屑或清洁剂清洁。

6 水力压裂用胶体体系

6.1 引　言

　　数千年来，人类已经意识到不同微粒的作用，在金字塔、庙宇(具有高结构)或者泥土(黏土等)房等古老建筑中尤为明显，它们是细颗粒在稳定这些结构中所起作用的典型例子。细粒度固体颗粒的特性取决于它们的大小和形状。在日常生活中，我们会遇到不同大小的固体颗粒，从沙滩上的石头到沙粒，或者空气中飘浮的灰尘。粒子的大小(每克表面积)与它的特性之间存在着一种特殊的关系。50Å～50μm 的小颗粒被称为胶体。最简单的对比是沙粒和尘埃。观察灰尘或其他微粒如何在空气中长时间悬浮是很有趣的。偶尔，我们会观察到一个粒子经历了类似碰撞的推力过程。在 19 世纪，人们在显微镜下观察到悬浮在水中的微小颗粒会做出一些不稳定的运动(就像被相邻分子击中了一样)(Scheludko，1963；Adamson and Gast，1997；Chattoraj and Birdi，1984；Birdi，1997，2014，2016；Somasundaran，2015)。这种不规则运动后来被称为布朗运动。它来自周围水分子的运动动能(图 6.1)。因此，只要重力不把粒子拖到底部(或顶部)，胶体粒子就会通过布朗运动在溶液中保持悬浮(相对较长时间)。

图 6.1　粒子布朗运动

　　如果把一些沙子扔到空中，会发现这些颗粒会很快掉到地上。然而，在有滑石粉的情况下，颗粒在空中飘浮的时间更长。这一特征表明，细分化固体颗粒表现出与其大小有关的特殊性质。不同粒子的大小见表 6.1。

表6.1 不同粒子的大小

粒子	尺寸
胶态分散体	1nm～10μm
薄雾/烟雾	0.1μm～10μm
花粉/细菌	0.1μm～10μm
烟雾中的油滴/废气	1μm～100μm
病毒	1nm～10μm
高分子/大分子	0.1nm～100nm
胶束	0.1nm～10nm
囊泡	1μm～1000μm

这种胶体系统的稳定性和水桶类似，水桶在直立时是稳定的，但如果倾斜超过一定角度，它就会翻倒并躺在一边(图6.2)。

亚稳态……不稳定状态……稳定状态

图6.2 胶体系统的稳定性准则：亚稳态-不稳定状态-稳定状态

在废水中，胶体颗粒的表面力具有重要意义。废水处理是一项重要技术，在许多日常现象中都有涉及(如饮用水、工业生产等)。例如，在压裂中，人们使用二氧化硅在水(含有添加剂)中的悬浮液。悬浮的二氧化硅颗粒用于支撑页岩储层中的裂缝。这种系统的稳定性可由胶体系统的经典分析来描述(Birdi, 1993, 2016)。胶体悬浮液可能是不稳定的并且在很短的时间内出现颗粒的分离。或者它可能会在很长一段时间内保持稳定，如超过一年。因此，在这两种状态之间应该存在一个亚稳态。这是一个过于简单的陈述，但它表明，人们应该通过这三种状态分析所有的胶体体系。

例如，在废水处理过程中，含有胶体颗粒的废水一般是一种稳定的悬浮体。但是，通过一定的处理方法(如pH控制、电解质浓度等)，可以改变系统的稳定性。废水处理技术是胶体表面化学应用的重要领域之一。应用的技术遵循多种原则，这些原则与表面化学密切相关，要描述这些体系需要了解以下胶体力。

范德瓦耳斯力：在胶体体系中，范德瓦耳斯力起着重要作用。当任何两个粒子(中性粒子或带电粒子)非常接近时，范德瓦耳斯力将强烈依赖于周围的介质。例如，在真空中，两个相同的粒子总是表现出吸引力。另一方面，如果在介质(水中)中存在两个不同的粒子，则可能存在斥力。这可能是由于一个粒子与介质的相互作用比另一个粒子的相互作用更强。一个例子是二氧化硅颗粒在含有塑料的水介质中(如废水处理中)。了解胶体粒子保持悬浮状态的条件很重要。如果涂料颗粒(如二氧化钛等)聚集在一个容器中，那么涂料显然是无用的。当固体(无机)颗粒分散在水介质中时，离子被释放到介质中。从固体表面释放出的离子带相反电荷。例如，当玻璃粉与水混合时，这一点很容易表现出来，并且导电性随时间而增加。后者是因为微量离子从玻璃表面被释放出来。相同的电荷在粒子上的存在使它们相互排斥，从而使粒子彼此分离(图6.3)。

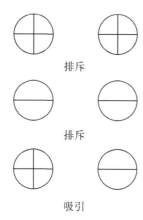

图6.3　带电(正-正；负-负；正-负)固体颗粒(液滴)

正电荷-正电荷的粒子和负电荷-负电荷的粒子会相互排斥，正电荷和负电荷的粒子会相互吸引。靠近粒子表面的离子分布也取决于溶液中反离子或共离子的浓度。即使是玻璃浸入水中也能与周围环境交换离子。通过测量水的电导率变化，可以很容易地研究这种现象。

作用于这两个相反电荷之间的力 F_{12} 由库仑定律给出(Adamson and Gast，1997；Scheludko，1966；Birdi，2010a，2016)，二者分别带电荷 q_1 和 q_2，距离为 R_{12}，在介电介质 D_e 中：

$$F_{12} = \frac{q_1 q_2}{4\pi D_e \varepsilon_0 R_{122}} \tag{6.1}$$

其中，ε_0 是电荷，相反电荷之间的力是吸引力，相同电荷之间是排斥力。因为水的 D_e 相比空气(Ca_2)高很多(80个单位)，我们认为在水中解离度高，而在空气或者有机液体中几乎没有解离(低 D_e)。例如，我们可以估算 Na^+ 和 Cl^- 的 F_{12} 的大小(带电量 $1.6\times10^{-19}C$ 在水中($37℃$ $D_e=74.2$)，分离距离(R_{12})为 1nm：

$$F_{12} = -\frac{1.6\times10^{-19}\times1.6\times10^{-19}}{4\pi 8.854\times10^{-12}\times10^{-9}\times74.2} = -3.1\times10^{-21}(J/mol) \tag{6.2}$$

其中，$\varepsilon_0 = 8.854\times10^{-12}\mathrm{kg}^{-1}\mathrm{m}^{-3}\mathrm{s}^4\mathrm{A}^2(\mathrm{J}^{-1}\mathrm{C}^2\mathrm{m}^{-1})$。计算得到 F_{12} 为$-3.1\times10^{-21}(\mathrm{J/mol})$ 或 $-1.87(\mathrm{kJ/mol})$。

另一个必须考虑的非常重要的物理参数是胶体的大小（和形状）分布。由大小相同的粒子组成的体系被称为单分散体系。具有不同尺寸的体系被称为多分散体系。单分散体系与多分散体系具有不同的性质。在许多工业应用中（如用于录制音乐的磁带上的涂层、CD 或 DVD 上的涂层），单分散涂层是最受欢迎的。制备单分散胶体的方法是在短时间内获得大量的临界核。这导致所有大小相同的核同时生长，从而产生单分散胶体产品。

6.2　胶体稳定性理论

人们想要知道的是，胶体体系在何种条件下会在一定的时间内保持稳定分散（在其他条件下则会不稳定）。胶体粒子之间如何相互作用是一个重要的问题，它决定了人们如何理解各种工业过程中相变体系的实验结果。水力压裂法就是一个非常重要的例子。在压裂体系中，添加剂用于稳定二氧化硅（5%～10%)在水中的悬浮。人们还需要知道，在何种条件下，给定的分散体会变得不稳定（凝结)。例如，需要在废水处理中使用混凝剂去除大部分悬浮的固体颗粒。任意两个粒子彼此相互靠近都存在不同的力：

吸引力-排斥力

如果引力大于排斥力，那么这两个粒子将合并在一起（不稳定的系统）。然而，如果斥力比引力大，那么粒子就会保持分离（稳定悬浮）。这里必须提到这些粒子所在的介质在一定程度上也将有助于体系稳定的特点。离子强度（即离子的浓度）和 pH 对其具有特殊的影响。一些重要的作用为：

- 范德瓦耳斯力
- 静电（如果粒子带电荷）
- 空间
- 水化
- 聚合物-聚合物相互作用（如果聚合物在系统中涉及）

在许多体系中，人们可以添加大分子（大分子；聚合物），当它们吸附在固体颗粒上时，会产生特殊的稳定性条件(Adamson and Gast, 1997; Birdi, 2016)。众所周知，中性分子，如烷烃，主要通过范德瓦耳斯力相互吸引。范德瓦耳斯力来自中性原子的快速波动偶极矩($10^{15}\mathrm{s}^{-1}$)，它导致极化，从而产生吸引力。这也叫作真空中两个原子之间的伦敦势，表述为(Scheludko, 1966; Adamson and Gast, 1997; Birdi, 2016)：

$$V_{\mathrm{vdw}} = -(L_{11}/R^6) \tag{6.3}$$

其中，L_{11} 是一个常数，它取决于极化率和与离散频率相关的能量；R 是两个原子之间的距离。

由于与其他原子之间的伦敦相互作用可以忽略，所以任何宏观物体的相互作用都可以用简单的积分来估计。

当两个带同种电荷的胶体粒子，在双电层(electric double layer，EDL)的影响下相互靠近，它们将会相互影响(Adamson and Gast，1997；Birdi，2016)。表面电位相互重叠将导致特定的结果。带电的分子或粒子会受到范德瓦耳斯力和静电力的相互作用。范德瓦耳斯力在粒子之间的距离很短时会产生很强的引力。电解质中胶体粒子间平均力的势能在密度、相行为和胶体分散过程的团聚动力学中起着重要作用。这种研究在各种行业中都很重要：

- 无机材料(陶瓷、水泥)
- 食物(牛奶)
- 生物大分子系统(蛋白质和 DNA)

Derjaguin-Landau-Verwey-Overbeek(DLVO)理论描述了胶体悬浮体的稳定性主要取决于粒子距离(Adamson and Gast，1997；Bockris et al.，1981；Birdi，2003，2016；Somasundaran，2015)。DLVO 理论经过了多年的修改，在目前的文献中发现了不同的版本。静电力会产生远距离斥力(图6.4)。这是由于电子电荷-电荷相互作用发生在距离较远的地方，结果如图 6.4 所示。势垒高度决定了相对于动能 kT 的稳定性。DLVO 理论预测，用最简单的话说，如果斥力势超过引力电势值(图6.4)：

$$W \geqslant kT$$

这样悬浮体系就稳定。另一方面，如果

$$W < kT$$

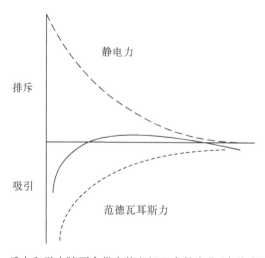

图6.4　斥力和引力随两个带电体之间距离的变化(实线表示总力)

那么悬浮液就不稳定了，会凝结。在这里必须强调 DLVO 理论没有提供全面的分析。对于复杂系统的分析来说，它基本上是一个非常有用的工具。这是一个在任何新的应用或任何工业发展中都很有用的指导理论。

6.2.1 带电胶体

两个带电体之间的相互作用取决于各种参数(如表面电荷、介质中的电解质、电荷分布)(图 6.5)。在这种带电胶体体系中，需要研究离子在水介质中的分布。这一观察结果表明，表面电荷的存在意味着一个特定的表面电位的存在。另一方面，在中性界面，我们只需要考虑范德瓦耳斯力，这一点在胶束中很明显。溶液中加入少量的 NaCl 后：

- 离子表面活性剂临界胶束浓度(CMC)明显降低
- 在非离子胶束中几乎没有效果(因为在这些胶束中没有电荷或 EDL)

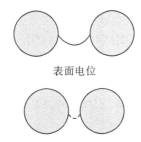

图 6.5 两种不同离子浓度带电粒子间 EDL 的变化(实线表示低；虚线表示高)

事实上，带电胶束体系清楚地指出了在类似体系中表面电位的作用。静电和 EDL 力在科学和工程等领域发挥着非常重要的作用(Bockris et al.，1980；Kortum，1965；Birdi，1972，2010b，2016；Somasundaran，2015)。我们可以用一个具体的例子来理解这些现象，以表面带正电荷的胶束悬浮在含有正、负电荷的溶液中为例，它会有一个明显的表面电势 ψ_0，并随着分离距离的增加而减少至一定值(图 6.6)。

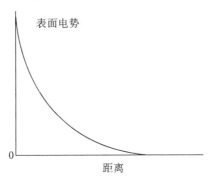

图 6.6 ψ_0 表面电势的变化与固体的距离关系曲线

很明显，正离子的浓度会随着接近带正电荷表面(电荷-电荷排斥)而降低。相反地，带负电荷的离子会被强吸引到表面。这就产生了所谓的玻尔兹曼分布：

$$n^- = n_0 e^{+\left(\frac{ze\psi}{kT}\right)} \tag{6.6}$$

$$n^+ = n_0 e^{-\left(\frac{ze\psi}{kT}\right)} \tag{6.7}$$

这表明正离子被排斥，而负离子被吸引到带正电荷的表面。在离粒子相当远的地方，$n+=n-$(根据电中性的要求)。$\psi(r)$作为距离r的函数可以从以下关系式中求得

$$\psi(r) = \frac{ze}{(Dr)\varepsilon} - \kappa r \tag{6.8}$$

κ与任何离子周围的离子氛有关。在任何水溶液中，当电解质(如 NaCl)存在时，它会解离成正离子(Na^+)和负离子(Cl^-)。由于电中性的要求(即必须有相同数量的正电荷和负电荷)，每个离子周围都被带有相反电荷的离子包围，且距离相同。很明显，这个距离会随着电解质浓度增加而减小。表达式$1/\kappa$被称为德拜长度。

正如预期，德拜-赫克尔(D-H)理论告诉我们，离子倾向于聚集在中心离子周围。反离子分布的一个基本性质是离子氛的厚度。这个厚度由德拜长度(或德拜半径)$(1/\kappa)$决定。$1/\kappa$的大小在厘米范围，如下：

$$\kappa = (8N^2)/(1000k_B T)^{1/2} I^{1/2} \tag{6.9}$$

其中，$k_B=1.38\times10^{-23}$J/mol·K；$e=4.8\times10^{-10}$esu(1.6×10^{-19}C)。

因此，在25℃下，$k_B T/e=25.7$mV。例如，1∶1 型的离子(例如 NaCl、KBr 等)浓度为0.001M，得到25℃(298K)下$1/\kappa$值为(表 6.2)

$$\frac{1}{\kappa} = \frac{78.3\times1.3810^{-16}\times298}{\left[2\times4\pi\times6.023\times10^{17}\left(4.8\times10^{-10}\right)^2\right]^{0.5}}$$

$$= 3\times10^{-8}(0.001)^{0.5} \text{ cm}$$

$$= 9.7\times10^{-7} \text{ cm} \tag{6.10}$$

$$= 9.7\text{Å}$$

表达式可以被改写为

$$\psi(r) = \psi_o(r)\exp(-\kappa r) \tag{6.11}$$

表 6.2　25℃，水溶液中，德拜长度[(1/κ) nm]盐浓度

摩尔质量	1∶1	1∶2	2∶2	1∶3
0.0001	30.4	17.6	15.2	12.4
0.001	9.6	5.55	4.81	3.9
0.01	3.04	1.76	1.52	1.2
0.1	0.96	0.55	0.48	0.4

图 6.6 显示了 $\psi(r)$ 与粒子之间的距离 (r) 变化之间的关系，在距离为 $1/\kappa$ 时，电势降至 ψ_o。这与双电层的厚度一致，这是一项重要的分析结果，由于粒子-粒子之间相互作用依赖于 $\psi(r)$ 的变化，不同离子强度下，在德拜长度处 $\psi(r)$ 的下降是不同的，如图 6.7 所示。

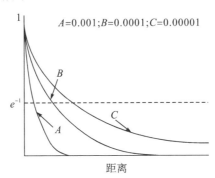

图 6.7 静电势随距离的增大而减小，是电解质浓度(离子强度)的函数

表 6.2 中的数据显示了不同盐浓度下 D-H 半径的值。$1/\kappa$ 的大小随着 I 和电荷的数量变化而减少。这意味着，随着 I 和 Z_{ion} 值的增加，参比离子周围离子氛的厚度将大大压缩。与 Na^+ 等一价离子相比，三价离子如 Al^{3+} 对双电层的压缩作用更大。此外，无机离子可以通过两种截然不同的方式与带电表面相互作用：

(1)对等电点没有影响的非特异性离子吸附。

(2)特定的离子吸附，它会引起等电点值的变化。

在这些条件下，$1/\kappa$ 的值非常小(例如在高电解质溶液中)，可以写成

$$\psi = -\psi_o \exp-(\kappa x) \qquad (6.12)$$

其中，x 是离带电胶体的距离。

ψ_o 为 100mV(在单价离子的情况下)。实验数据和理论表明，ψ 是随着离子电荷浓度变化而变化的。这些关系表明：

- 当离子浓度(C)增加时，表面电位以更快的速度下降到零
- 如果 z 值从 1 到 2(或者更高)，表面电位以更快的速度下降

这些理论与实验数据相符。在许多工业实际应用中，粒子表面电荷是最重要的。

6.2.2 液体中带电粒子的电动过程

接下来，让我们考虑一下带电粒子或界面在某种动态形式中(水中)会发生什么。研究电动力学现象的体系有很多，主要包括四类。(Kortum，1965；Bockris et al.，1980；Adamson and Gast，1997；Birdi，2016)。

(1)电泳：该体系是指带电胶体颗粒在外加电场作用下的运动。

(2)电渗：这个体系是指流体通过带电物质旁边时的现象，实际上是电泳的补充。使流体流动所必需的压力称为电渗压。

(3)流动电位：如果液体流过带电表面就会产生电场，被称为流动电位。因此，这个体系与电渗相反。

(4)沉积电位：当带电粒子从悬浮体中沉降时，就会产生电势，叫作沉积电位，与流动电位相反。

研究一个系统的电动力学特性是为了确定 Zeta 电势。

电泳是带电物质在电场作用下的运动。这种运动可能与研究对象的基本电学性质和周围的电学条件有关。式(6.13)中，F 为力，q 为物体所携带的电荷，E 为电场：

$$Fe=qE \tag{6.13}$$

由此产生的电泳迁移被摩擦力抵消，使迁移速率在恒定且均匀的电场中是恒定的：

$$F_f = vf_r \tag{6.14}$$

其中，v 是速度；f_r 是摩擦系数。

$$QE = vf_r \tag{6.15}$$

随后的电泳迁移率 μ 的定义为

$$\mu = \frac{v}{E} = \frac{q}{f_r} \tag{6.16}$$

这个表达式只适用于离子浓度接近 0 和非导电性的溶剂。多离子分子被一团反离子包围，这些反离子改变了施加在被分离离子上的有效电场。这使前面的表达式不能很好地近似模拟电泳装置真实发生的情况。迁移率取决于粒子性质(如表面电荷密度和尺寸)和溶液性质(如离子强度、介电常数和 pH)。对于高离子强度，电泳淌度的近似表达式 μ_e 见下列方程(Adamson and Gast，1997；Birdi，2016)：

$$\mu_e = \varepsilon\varepsilon_0\eta / \zeta \tag{6.17}$$

其中，ε 是液体的介电常数；ε_0 是自由空间的介电常数；η 是液体的黏度；ζ 是粒子的 Zeta 电动电势(即表面势)。

6.3　疏水悬浮液的稳定性

在各种悬浮液或分散体中，粒子与两种不同的力(如引力和斥力)相互作用。人们观察到，疏水性悬浮液(sols)为了维持体系稳定，必须保持排斥能量最大。总相互作用能 $V(h)$ 表示为(Scheludko，1966；Bockris et al.，1980；Attard，1996；Adamson and Gast，1997；Hsu and Kuo，1997；Chattoraj and Birdi，1984；Birdi，2002，2016；Somasundaran，2015)

$$V(h) = V_{el} + V_{vdw} \tag{6.18}$$

其中，V_{el} 表示静电斥力分量；V_{vdw} 表示范德瓦耳斯力引力分量。

将相互作用能 $V(h)$ 与粒子间距离 h 的关系归结为凝聚速率：

(1) 经历缓慢凝结；

(2) 快速凝固开始时。

能量 $V(h)$ 对 h 的关系为

$$V(h) = \left[\left(64CRT\psi^2 \right) / k \exp(-kh) - H / \left(2h^2 \right) \right] \tag{6.19}$$

对于一定比例的常数，其图形如图 6.8 所示。对于较大的 h 值，$V(h)$ 为负（引力），引力的能量为 V_{vdw}，随着距离的增大（$\sim 1/h^2$）V_{vdw} 减小的速度减缓。在较短的距离（小 h），正分量 V_{el}（斥力），随着 $h[\exp(-k\,h)]$ 的减小呈指数增长，可以对 V_{vdw} 进行过度补偿，并在斥力方向上逆转 $\mathrm{d}V(h)/\mathrm{d}h$ 和 $V(h)$ 的符号。再进一步缩小差距（非常小的 h），V_{vdw} 将再次占主导地位，因为

$$V_{el} \to \left(64CRT\psi^2 \right) / k, \mathrm{ash} \to 0 \tag{6.20}$$

而当 $h > 0$ 时，V_{vdw} 不断增大。因此，函数 $V(h)$ 中存在一个斥力最大值，可以由条件 $\mathrm{d}V(h)/\mathrm{d}h = 0$ 来估计。溶液的选择（最大值或最小值）没有任何困难，因为 $V(h)$ 对于最大值是正的。从这些考虑中发现，当电解质浓度增加时，维尔指数 k 的大小也增加（弥散层的压缩），从而使其引起的最大值降低。当 C 取一定值时，曲线 $V(h)$ 与图 6.8(b) 中的曲线相似，$V(h)_{max} = 0$。

实验表明，从这个浓度开始，凝聚速度会变快，这个浓度叫作临界浓度，C_{cc}。换句话说，C_{cc} 可以通过下面的同时解来估计：

$$\mathrm{d}V(h) / \mathrm{d}h = 0 \text{ 和 } V(h) = 0 \tag{6.21}$$

可以这样写：

$$\frac{\mathrm{d}V(h)}{\mathrm{d}h} = -\left(64C_{cc}RT\psi^2 \right) / k \exp(-k_{cr}h_{cr}) + K / \left(h_{cr}^3 \right) = 0 \tag{6.22}$$

$$V(h) = \left[\left(64C_{cc}RT\psi^2 \right) / k_{cr} \exp(-k_{cr}h_{cr}) - K / \left(2h_{cr}^2 \right) = 0 \right] \tag{6.23}$$

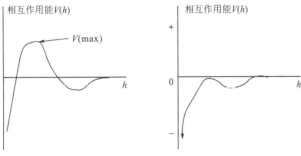

(a) 缓慢凝结   (b) 快速凝结

图 6.8 颗粒间相互作用能 $V(h)$ 与距离 h 的关系图

将这些与 h 和 C 有关的表达式展开后，就变成了 (the Schulze-Hardy rule)（用于水中带电粒子的悬浮）：

$$C_{cc} = 8.7 \times 10^{-39} / Z^6 A^2$$

$$C_{cc} Z^6 = k_{constant} \tag{6.24}$$

式中，$k_{constant}$ 包括（哈马克常数$=4.2 \times 10^{-19}$J）除 Z 和临界离子浓度（C_{cc}）外的其他常数。Z^6 对于不同离子的大小为

$$Z^6 = 1 : (Z^6)\ 0.016 : (3^6) 0.0014 : (4^6) 0.000244 \tag{6.25}$$

各种胶体体系的实验数据［如 As_2S_3 或 $Au(sol)$］给出的值与式（6.25）的关系一致。

这些结果是很有说服力的，表明胶体的 EDL 理论的建立与实际体系密切相关。

由此可见，带电粒子的胶体稳定性取决于：

（1）电解液浓度；

（2）离子上的电荷；

（3）胶体的大小和形状；

（4）黏度。

研究发现 C_{cc} 取决于所用电解质的类型以及反离子的价态。可以看出，二价离子的有效性是一价离子的 60 倍（$=2^6$）。三价离子的有效性是一价离子的几百倍（$729=3^6$）（表 6.3）。实验表明，这种与 C_{cc} 的相关性几乎是精确的，因此，在式（6.23）和式（6.24）中作出的假设有助于理解此类体系。然而，特殊吸附的离子（如表面活性剂）将表现出不同的行为，在实验中也发现了这点。例如，根据这些观察结果，在洗衣粉的组成中，使用了多价磷酸盐以防止带电的污物颗粒在去除后附着在织物上。另一个例子是废水处理，使用多价离子以达到凝结的目的。

表 6.3　带电粒子的临界浓度

离子化合价	C_{cc} 级	比值
一价	50	$1 : 1$
二价	0.8	$1 : 2^6$
三价	0.08	$1 : 3^6$

流动电势：矿物（岩石）与水相接触的界面表现出表面电荷。目前公认的界面模型是 Stern 的 EDL 模型（Adamson and Gast，1997；Birdi，2014，2016）。矿物和电解质在水相中发生化学反应，使矿物带净电荷。岩石表面的水和电解质构成了施特恩（或亥姆霍兹）层。在这一区域，离子与矿物紧密结合，而远离这一层（所谓的弥散层），离子可以自由移动。

由于离子(正离子和负离子)在扩散区分布均匀，所以不存在净电荷。另一方面，在施特恩层会有不对称的电荷分布。从 Zeta 电势数据可以看出，这种矿物带有净电荷。

6.3.1 胶体凝固动力学

胶体溶液的特征是其稳定性或不稳定性的程度，这与我们需要理解日常现象中的这两种性质有关。采用不同的方法对混凝动力学进行了研究。在给定的时间内，粒子数 N_p 取决于扩散控制过程。速率由下式表示：

$$-\frac{\mathrm{d}N_p}{\mathrm{d}t} = 8\pi DRN_p^2$$

式中，D 为扩散系数；R 为粒子半径。

速率可以改写为

$$-\frac{\mathrm{d}N_p}{\mathrm{d}t} = \frac{4k_BT}{3vN_p^2} = k_0N_p^2$$

式中，$D=k_BTv/6\pi R$(爱因斯坦方程式)；k_0 是扩散控制常数。

在实际系统中，人们感兴趣的是稳定的胶体体系(如油漆、面霜)，而在其他情况下，人们感兴趣的是不稳定的体系(如废水处理)。

由此可见，从 DLVO 考虑，胶体稳定性的程度将取决于以下因素：

(1)颗粒大小(较大的颗粒稳定性较差)；

(2)表面电位值；

(3)哈马克常数(H)；

(4)离子浓度；

(5)温度。

两个粒子之间的引力与分离距离和哈马克常数成正比(特定于系统)。H 的大小约为 10^{-12}erg(Adamson and Gast，1997；Birdi，2002，2016；Somasundaran，2015)。因此，DLVO 理论对于预测和估计胶体的稳定性行为是很有用的。当然，在这样一个有很多变量的系统中，这个简化的理论有望适用于各类系统。在过去的十年中，胶体体系中力的测量技术已经得到了很大的发展。其中一种方法是在非常近的距离下测量存在于两个固体表面之间的力(小于 1μm)(Birdi，2003)。该理论同样适用于水中，由此对添加剂的作用进行了研究。这些数据为 DLVO 理论的许多方面提供了验证。

最近，原子力显微镜(atomic force microscope，AFM)被用来直接测量这些胶体力(Birdi，2003)(见第 7 章)。在原子力显微镜中，两个粒子被拉近(纳米距离)，并测量力(纳米顿)。事实上,商业上可用的仪器就是为进行这种分析而设计的。测量可以在空气和液体中进行,也可以在各种实验条件下进行(如添加电解质、pH等)(Birdi,2003)。

6.3.2　胶体悬浮液的絮凝与凝聚

在日常生活中,人们可以发现各种固体颗粒悬浮在水中的系统(如污水处理厂、水力压裂水等)。由一般经验可知,小颗粒胶体分散体比大颗粒胶体分散体更稳定。小颗粒形成较大粒径团聚体的现象称为絮凝或凝结。例如,要去除不溶的胶体金属沉淀物,可以使用絮凝。这通常是通过减少表面电荷来实现的,而表面电荷减少会产生更弱的电荷斥力。当引力(v_{dw})大于静电力时,就会发生凝结。凝结是由粒子电荷中和[通过改变 pH 或其他方法(如带电的聚电解质)]引发的,这导致粒子聚集形成更大的粒子。这意味着:

- 初始状态:电荷-电荷(斥力)
- 最终状态:中性-中性(吸引)(凝聚)

凝结也可以通过添加某些特定物质(凝结剂)来实现。后者降低了胶体颗粒的有效半径,导致凝结。

絮凝是凝结后的一个二次过程,会形成非常大的颗粒(絮凝体)。实验表明,Zeta 电位在±0.5mV 左右发生凝结。大多数情况下,铁和铝无机盐等凝结剂是有效的。例如,在污水处理厂中,用 Zeta 电位来确定凝结和絮凝现象。一般来说,废水中的大部分固体物质都带负电荷。

6.4　废水处理与控制

废水中含有各种污染物(溶解物、悬浮颗粒)。在大多数页岩气水力压裂工艺中,都需要污水处理(Slatt,2011;Chapman et al.,2012)。在典型的水平井中,会使用 $2 \times 10^4 \text{m}^3$ 含添加剂的水(浓度小于 1%)。然而,只有不到一半的水以返排的形式被回收,这种返排液是与盐水混合在一起的,就像储层中存在的那样。废水经过装置的处理,之后被排放到环境中(或在大多数情况下被重复使用)。采出水中含有大量的总溶解固体(TDS)(Shih et al.,2015)。废水中既含有可溶又含有不可溶的污染物,需要去除。在废水(溶质)中发现的物质要么是分子状态(如苯、油等),要么是离子形式(如 Na^+、Cl^-、Mg^{2+}、K^+、Fe^{2+} 等)。污染物浓度一般用不同单位表示(表 6.4)。

表 6.4 污染物浓度的单位

变量	单位
质量/体积	mg/L, kg/m³
质量/质量	mg/kg, 10^{-6}, 10^{-10}
物质的量浓度	mol/L
当量浓度	当量/L

使用的具体单位取决于数量。用于痕量的单位，如苯的单位为百万分之几(10^{-6})或十亿分之几(10^{-10})。饮用水的硬度用浓度表示，单位为 mg/L。对于软水，该值一般在 10mg/L 以下，硬水在 20mg/L 以上。

粒子表面净电荷的存在导致离子在周围区域的不对称分布。这意味着靠近表面的反离子浓度比带有相同电荷的粒子离子浓度高。因此，EDL 是针对处于水中的这些微粒来测量的。

固体可通过过滤和沉淀法除去。沉淀法(带电粒子)通过控制 pH 和离子强度使颗粒絮凝。后者引起电荷-电荷排斥的减少，从而导致沉淀并去除细颗粒的悬浮固体。影响 Zeta 电势的最重要因素是 pH，因此，所有的 Zeta 电势数据都必须标注 pH。假设一个粒子悬浮在一个负的 Zeta 电势中。如果在这个悬浮液中加入更多的碱，那么这个粒子的负电荷就会增加。另一方面，如果在胶体悬浮液中加入酸，则颗粒会获得越来越多的正电荷。在这个过程中，粒子会经历一个从负电荷到零电荷的变化[其中正电荷的数量等于负电荷(零点: PZC)]。换句话说，我们可以通过一个电位决定离子来控制表面电荷的大小和符号。

胶体稳定性取决于胶体表面静电势 ψ_0 的大小。ψ_0 的大小通过微电泳方法估算。当电场作用于电解液上时，悬浮在电解液中的带电粒子被吸引到带相反电荷的电极上。作用在粒子上的黏性力倾向于抵抗这种运动。当这两个相反的力达到平衡时，粒子以恒定的速度运动。在这种技术中，当受到电场作用时，在显微镜下可以观察到粒子的运动(或者更确切地说是速度)。电场与外加电压 V 有关，V 除以电极之间的距离(单位为 cm)。速度取决于电场强度或电压梯度、介质的介电常数、黏度和 Zeta 电势。商用电泳仪器可使用石英池作为电泳池。电动电势 ζ 的大小可表示为

$$\xi = \mu\eta / \varepsilon_0 D \tag{6.29}$$

式中，η 是溶液的黏度；ε_0 是自由空间的介电常数；D 是介电常数。

粒子在单位电场中的速度与其电迁移率有关。在另一个应用中，Zeta 电势的大小是作为添加的反离子的函数来测量的。Zeta 电势的变化与胶体悬浮体的稳定性有关。胶体金悬浮液(金[Au]溶胶)作为反离子(Al)浓度的函数，其测量结果如表 6.5 所示。

表 6.5   胶体金作为反离子浓度的函数

三价铝离子/mol	速度	胶体金的稳定性
0	3 (−)	很高
$20×10^{-6}$	2. (−)	絮凝 (4 小时)
$30×10^{-6}$	0. (0)	絮凝快
$40×10^{-6}$	0.2 (+)	絮凝 (4 小时)
$70×10^{-6}$	1 (+)	絮凝慢

这些数据表明，在高反离子浓度下，胶体粒子的电荷从负到零(当粒子没有任何运动时)变为正。这是一个非常普遍的情况。因此，在污水处理厂中，加入反离子，直到颗粒运动几乎为零，才能实现污染物颗粒的快速絮凝。人们一直在研究二氧化硅粒子 ζ 随 pH 的变化关系。表面基团—Si(OH)的分解也包含在这个研究之内。在这些操作下，人们可以使用合适的仪器持续监测 Zeta 电位。

7　泡沫和气泡的形成、稳定性及应用

7.1　引　　言

薄液膜(TLF)的形成和结构,如泡沫或气泡,是人类几十年来研究过的最令人着迷的现象。可以说 TLF 是一种可用肉眼观察到的最接近分子结构的结构。因此,TLF 是一个人不用任何显微镜的帮助就能看到的最薄的物体。其中最常见的液体薄膜结构是肥皂泡,或由表面活性剂溶液形成的气泡(如洗碗液)。每个人都喜欢看肥皂泡的形成及其彩虹般的色彩。气泡的形成和稳定性看起来似乎并不重要,但事实上,在日常生活中,泡沫起着重要作用(如啤酒和香槟气泡,甚至是肺泡)。一方面,普通水在摇动时不会在表面形成气泡。另一方面,所有肥皂和表面活性剂溶液,以及许多液体(洗发水、洗涤液、啤酒、香槟、海水)在摇晃时可能形成非常丰富的气泡。本章将描述气泡的形成和稳定性。此外,即使人们不能直接地观察液体的表面层,TLF 也可以提供非常有用的信息。(Somasundaran et al.,1981;Ivanov,1988;Wilson,1989;Rubinstein and Bankoff,2001;Birdi,2003,2016)。

7.2　气泡和泡沫

摇动的纯水表面不会观察到气泡。纯有机液体在摇动时也不会形成气泡。这意味着,当气泡上升到液体表面,它只是排出到空气中。但是,如果摇晃含水表面活性剂[表面活性物质(SAS)]溶液或气泡在液体表面下产生但未排出,就可以形成气泡(图 7.1)。

这个过程可以描述为:

- 液相内气泡:在重力作用下,液体与气泡分离,气泡向上移动
- 表面活性剂分子在气泡膜中形成双层膜。
- 表面活性剂表面层
- 由空气和一层表面活性剂形成的气泡
- 由液体和第二层表面活性剂形成双层膜(TLF)(从 10~100μm)

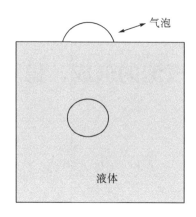

图 7.1　气泡的形成

　　事实上，这种测试（摇动水溶液时形成气泡）是非常敏感的，可用于确定极微量表面活性剂的存在。气泡具有两个表面，每个表面的极性端指向内部，非极性端指向外部。薄膜中的水会由于重力而移动，导致薄膜变薄。由于水膜厚度接近光波长的尺寸，因此人们可以观察到不同的干涉颜色。反射光线会干扰入射波长，因此根据颜色可以测量水膜厚度，特别是当水膜厚度与光波长大致相同（400～1000Å）时。黑色说明水膜约为 500～700Å。这是肉眼观察两分子厚薄膜最方便的方法。

　　气泡作为一种重要的角色，可应用于食品工业中（奶油、香槟和啤酒），气泡的稳定性和大小决定了产品的味道和外观，在这个行业里，控制气泡形成和稳定的因素是研究的重点。在冰激凌的制作过程中，气泡被困在冷冻的物质中。由于表面的 SAS 浓度非常高，可以用气泡将其从溶液去除，这一结果使得泡沫气泡的形成得到大面积的应用。

7.3　泡　　沫

　　表面活性剂溶液的普通泡沫初始时比较厚（以微米计），当流体由于重力或毛细力或表面蒸发而流走时薄膜就会变薄（几百 Å）。泡沫结构包括：

- 一侧空气
- 表面活性剂外层分子
- 一定量的水
- 表面活性剂内层分子
- 外侧空气

这可以描述如下：

表面活剂-水-表面活剂

表面活剂-水-表面活剂

表面活剂-水-表面活剂

表面活剂-水-表面活剂

(厚度从 100μm 到几百 Å)表面活性剂分子在 TLF 中的取向使得极性基团(OO)指向水相，非极性烷基部分(CCCCCCCCC)指向空气。

- 空气-非极性-极性-水-极性-非极性-空气
- 空气-非极性-极性-水-极性-非极性-空气
- 空气-非极性-极性-水-极性-非极性-空气
- 空气-非极性-极性-水-极性-非极性-空气
- 空气-非极性-极性-水-极性-非极性-空气
- 空气-非极性-极性-水-极性-非极性-空气

水相的厚度从超过 100μm 到小于 100nm 之间变化。泡沫具有热力学不稳定性，因为总自由能在其坍塌变化时减少。当厚度减小到光的波长(nm)附近时，人们能够观察到彩虹颜色(由干涉引起)直到 TLF 厚度降到更低(50Å 或 5nm)。然而，某些类型的泡沫会持续很长一段时间，人们也一直试图解释这种亚稳态。TLF 可以看作是一种冷凝器。两个表面活性剂层之间的斥力(图 7.2)则由双电层(EDL)确定。在溶液中加入离子可以使 EDL 收缩，从而导致形成较薄的膜。

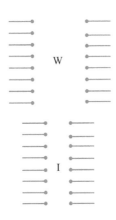

图 7.2　泡沫膜的厚度：水中(W)和添加电解质(I)

它看起来呈黑灰色，厚度约为 50Å(5nm)，几乎相当于双层表面活性剂薄膜[即普通表面活性剂分子的长度(约 25Å)的两倍]。值得注意的是，人们可以看到两个分子的薄结构。气泡 TLF 的不同厚度造成光线反射可使人们观察到彩虹颜色。刚开始看可能并不明显，但在啤酒行业，起泡是其中最重要的特征之一。啤酒含有

CO_2高压气体。一旦打开一瓶啤酒，压力下降，CO_2气体释放，从而产生泡沫。通常，泡沫留在瓶子里面。起泡是由于存在两种不同的两亲分子(脂肪酸、脂类、蛋白质)。这种泡沫非常丰富，因为液体膜非常厚并且含有大量的水相(这种泡沫被称为 Kugelschaum)。泡沫填充了瓶子的空隙，在正常情况下，它几乎不会溢出。然而，在某些异常条件下，泡沫是高度稳定的并开始从瓶中溢出，而这通常需要避免(Birdi，1989；Clark et al.，1994)。关于泡沫的稳定性，人们认识到，薄膜变形下的表面张力必须总是以抵抗变形力的方式变化。因此，发生膨胀的薄膜中的张力将增大，而发生收缩的部分中的张力则会减小。也就是说存在一种倾向于恢复原状的力，即为薄膜弹性，其中术语"弹性"被定义为

$$E_{film} = 2A(d\gamma / dA) \tag{7.1}$$

其中，E_{film}是膜的弹力；A是膜的面积；γ是表面张力。

　　香槟中气泡的形成是另一个重要的应用领域。气泡的大小和数量影响口感；气泡稳定性对口感和外观也有显著影响。任何泡沫膜的稳定性都与 TLF 的细化动力学有关。由于厚度达到临界值，因此稳定性变得至关重要。在早期研究阶段，人们就认识到当薄膜偏离本体系特性时将处于不稳定状态(Scheludko，1966；Birdi，2016)。该厚度范围为 50~150Åm，称为黑色膜态。在这种状态下，分子的随机运动很容易引起 TLF 的破裂。下列因素决定了这些膜中流体的流态。

　　(1)重力作用下液体的流动：假设薄膜中的流体具有相同的黏度和密度，那么平均速度不会超过 $1000 D_{film}^2$，其中薄膜层之间的距离如表 7.1 所示。

表 7.1　液体在不同薄膜下的流速

D/mm	流速/(mm/s)
0.01	0.1
0.001	0.001

　　(2)由于曲率引起的吸力流动：这种效应比重力效应大得多。
　　(3)蒸发损失：蒸发过程取决于环境，在封闭容器中几乎可以忽略不计。

7.3.1　泡沫稳定性

　　众所周知，如果在纯水中吹气泡，不会形成泡沫。另一方面，如果水中存在表面活性剂或蛋白质(两亲物)，吸附在界面上的表面活性剂分子就会形成泡沫或肥皂泡。泡沫可以表征为气体在液体中的粗分散，其中气体是主要相体积。泡沫或液体薄膜由于表面张力而趋于收缩，因此低表面张力将是良好泡沫形成的必要特性。此外，为了能够稳定薄膜层，在其不同表面区域应该保持轻微的张力差异。

因此，很显然具有恒定表面张力的纯液体不能满足这一要求。这种泡沫或气泡的稳定性与单分子膜的结构和稳定性有关。例如，泡沫稳定性已被证明与表面弹性或表面黏度 η_s 及其他界面力(Chattoraj and Birdi，1984；Birdi，2016)有关。泡沫不稳定性也被发现与混合膜的填料和排列方向有关，这可以通过研究单层膜确定。值得一提的是，两亲性单分子层形成的泡沫是日常生活中最基本的过程。其他的组合，如囊泡和双层膜(BLM)是稍微复杂一些的体系(Birdi，2016)。

尽管表面电势 ψ，即单分子层上电荷引起的电势，将会明显影响改变薄膜厚度所需的实际压力，但当液体膜处于相对较低的压力下时，离子双电层的平均德拜-赫克尔厚度($1/k$)会影响薄膜的最终厚度。当薄膜处于来自气泡中气体的相对较低的过剩压力下时，每个离子仅扩散到液体的 $3/k$ 的距离，这个值对应于仅几毫伏的斥力电势。根据上述假设给出以下关系(1atm 压力)(Wilson，1989；Birdi，2016)：

$$h_{\text{film}} = 6/k + 2(\text{单层厚度}) \tag{7.2}$$

对于从 $10^{-3}n$ 油酸钠吸附的荷电单分子膜，最终的总厚度 h_{film} 应是 600Å(即 6/kÅ)。但是，由于两层定向肥皂分子膜的存在，需要额外增加 60Å($=10^{-10}$m)，共计 660Å。实验值为 700Å。随着电解液的增加厚度减小，如式(7.2)所示。

例如，0.1M-NaCl 的 h_{film} 值为 120Å。加入少量非离子表面活性剂(如 N-月桂醇、N-癸基甘油醚、月桂酰乙醇胺、月桂酰乙酰胺)到阴离子表面活性剂中会增加泡沫的稳定性。该填充方式类似于胶束的外层和薄膜的表层。两种表面活性剂溶液的泡沫厚度如下(Selelutko，1966)(表 7.2)。

表 7.2　两种表面活性剂的泡沫厚度

洗涤剂溶液	黑膜厚度	分子维度
油酸钠	40Å	36Å
辛基苯氧基乙醇	65Å	67Å

这些数据也表明，黑色膜的厚度是双层结构。此外，人们还对含有无机电解质，由正-十烷基甲基亚砜或正-十烷基三甲基十烷基硫酸铵稳定的溶液泡沫膜的过量张力、平衡厚度和组成进行了测量。相关报道称(Scheludko，1966；Birdi，2003，2007，2016)，如果表面压力远远大于变形力，则液膜的稳定性会增大。如果膜的某一区域被扩展冲击(或振动)，表面压力会发生变化，即

$$\Pi = -(\text{d}\Pi / \text{d}A)(A_2 - A_1) \tag{7.3}$$

其中，A_1 和 A_2 分别是原始状态和拉伸后泡沫稳定剂每个分子的可用面积。这可以写成

$$\Pi = -A_1(d\Pi/dA)(A_2/A_1-1)$$
$$= -A_1(d\Pi/dA)(j-1) \qquad (7.4)$$
$$= C_s^{-1}(j-1)$$

其中，j 是面积扩展因子。术语 $[-A(d\Pi/dA)]$ 是单层膜的表面压缩模量。对于一个较大的恢复压力 Π，模量应该较大。在扩展区域中，表面压力的局部降低(至 Π)导致分子从相邻单层膜部分扩散到扩展区域中。TLF 的张力可以通过增加压力和测量曲率半径得到。利用拉普拉斯方程，可以估算张力。

已经证明(Friberg，1976；Birdi，2002，2007)泡沫稳定性和单层膜的弹性(E)之间存在相关性。E 较大，表面过剩也较大。据报道，在脂肪酸和醇浓度远远低于 γ 的最小值的溶液，泡沫的稳定性最大。在 $n\text{-}C_{12}H_{25}SO_4Na(SDS)+C_{12}H_{25}OH$ 体系中观察到了类似的结论，在最小浓度下，用最大泡沫量给出 γ 与浓度的最小值(Chattoraj and Birdi，1984；混合单分子层结构)。已经发现 $SDS+C_{12}H_{25}OH$ 和其他添加剂在表面形成液晶结构，这就形成了稳定的泡沫(和液晶结构)(Friberg，1976)。事实上，人们使用 SDS 技术配方，加入部分(小于 1%)$C_{12}H_{25}OH$ 以增强发泡能力。对于由表面活性剂和蛋白质组成的不同体系，其泡沫析水、表面黏度和气泡尺寸分布等性质都已有相关报道。研究人员采用入射光干涉显微镜技术进行了泡沫析水的研究。

此外，在无须发泡的发酵工业中，泡沫通常是由蛋白质引起的。由于需要较高的能量，机械消泡通常比较昂贵，因此使用消泡剂作为替代方案。此外，消泡剂由于气泡的聚结会使气体的分散性劣化。长期以来，人们都知道泡沫是由蛋白质稳定的，而这些是取决于 pH 和电解质。较高的发泡能力来源于蛋白质变性引起的气液界面的稳定，特别是界面上的强吸附作用，并在界面上产生稳定的单分子膜。泡沫稳定性是由薄膜的内聚力和弹性引起的。研究人员研究了电解液和乙醇的影响，发现吸附动力学与发泡性能之间存在良好的相关性。

泡沫结构：泡沫作为 TLF，具有非常神秘的结构。如果两个相同半径的气泡相互接触，会形成接触区域随后形成一个大气泡，如下(Wilson，1989；Birdi，2016)：

(1)半径相同的两个气泡；

(2)两个气泡相互接触并形成接触面积(=dA_c)；

(3)只形成一个气泡。

第 2 阶段系统的能量高于第 1 阶段，因为体系已经形成接触区域(A_c)。第 2 阶段与第 1 阶段之间的能量差是 γA_c，当达到阶段 3 时，总面积将减少 41%(即两个气泡的面积之和大于一个气泡的面积)。这意味着阶段 3 处于低于初始状态 1 的能量状态。当三个气泡接触时，平衡角为 120°。接触角与系统的平衡状态有关。如果四个气泡相互连接，则在平衡时角度将为 109.28°。

7.3.2 泡沫形成与表面黏度

表面和本体黏度不仅降低了薄膜的析出速率，而且有助于抵抗机械冲击、热冲击或化学冲击。泡沫最高的稳定性与 η_s 和塑变值有关。例如，啤酒的过度发泡特性一直是许多研究的主题。当啤酒在打开时泡沫从瓶子里喷涌出来，在某些情况下，可以把整个瓶子排空。表面黏度、表面张力、涌出量之间的关系已由多个研究者报道。涌流过程中的各种因素包括 pH、温度和金属离子，它们可导致蛋白质变性。气体(即 N_2、CO_2、空气)气泡在溶液中的稳定性取决于其尺寸以及其他参数(Scheludko，1966)。半径大于临界值的气泡将无限地膨胀，溶液将发生脱气。半径等于临界值的气泡将处于平衡状态，而半径小于临界值的气泡将重新溶解在液体中。临界半径 R_{cr} 的大小随液体的饱和度而变化，即过饱和度越高，R_{cr} 越小。形成半径为 R_{cr} 的气泡所需的功 W_{bubble}(La Mer，1962；Birdi，2016)为

$$W_{bubble} = 16\pi\gamma^3 / (P_{in} - P_{bulk}) \tag{7.5}$$

式中，γ 是啤酒的表面张力；P_{in} 是气泡的内压力；P_{bulk} 是液体的压力。

有人认为，啤酒的稳定性并没有什么特别之处，尽管二氧化碳远非理想气体，但实验支持了这一结论。据报道，η_s 和涌流之间的可能存在某种联系。镍离子作为有效的诱导剂可以导致啤酒的 η_s 大幅度增加。除了镍，其他引起涌流的添加剂如铁或胡敏酸，也被报道可以使 η_s 大幅度增加。另一方面，据报道，诸如乙二胺乙酸(EDTA：一种螯合剂)之类的添加剂能够抑制啤酒的喷发，从而降低啤酒的 η_s。η_s 和喷涌之间的关系表明，一种有效的抑制剂应该具有表面活性以便能够与喷涌促进剂竞争，但是不能形成刚性表面层(即高 η_s)。不饱和脂肪酸，如亚油酸，是一种有效的喷涌抑制剂，因为它会生成不稳定的表面膜。研究人员用振荡圆盘法研究了表面黏度 η_s(g/s)。结果表明，低 η_s(0.03~0.08g/s)的啤酒表面呈现非喷涌行为。高浓度啤酒(2.3~9.0g/s)表现出喷涌行为。

7.3.3 消泡剂

泡沫作为一种典型的例子，同时具备可取和不可取两种状态，这取决于分析中的现象(Scheludko，1966；Adamson and Gast，1997；Birdi，2016)。在洗碗机或许多工业中如废水处理，人们发现泡沫是不可取的。消泡分子的主要标准是它们具有以下特征：

- 不形成混合的单分子膜
- 降低表面黏度 η_s(从而使泡沫膜失稳)
- 具有低沸点(如乙醇)

7.4 泡沫浮选和泡沫净化方法

人类面临的最大挑战是需要在全世界供应纯净的饮用水。世界人口的增长(从1900年到2000年增加了4倍)比纯饮用水供应的增加快得多。工业生产用水需求的增加也加大了清洁水供应的负担。在过去的几十年里,家庭用水的净化已经发展起来。废水中的污染物有不同的来源和浓度。固体颗粒大多通过过滤(或浮选)除去,胶体颗粒也很容易通过该方法除去。溶质化合物是很难去除的,特别是浓度很低的有毒物质。在某些情况下,浮选不能很好地去除所有悬浮颗粒。下面是一些浮选成功的例子:

- 纸浆和造纸工业中的纸纤维去除
- 食品、炼油厂和洗衣废水中的油、油脂和其他脂肪去除
- 饮用水生产中化学处理水的净化
- 污水污泥处理

许多适于通过浮选进行净化的工业废水本质上都是胶体,如油乳状液(石油工业、页岩油/天然气工业)、纸浆和纸张废物以及食品加工。为了获得最好的结果,必须在浮选之前将这些废物凝结。事实上,浮选一直是净化的最后一步。为了提高浮选的有效性,常使用表面活性剂。使用表面活性剂可以降低表面张力并且有助于在浮选过程中保留泡沫中的颗粒。

例如,水力压裂技术中产生的废水就需要被适当处理(附录Ⅱ)。一般来说,废水可以通过各种方法来处理,这将取决于具体的情况。在大多数情况下会采用多种处理方法。最著名的方法之一是废水泡沫浮选技术(Klimpel, 1995; Birdi, 2016; Weber and Clavin, 2012)。这个过程是基于使用(空气或一些其他气体)气泡,这些气泡黏附在废水中的固体颗粒上并浮选到水面。几十年前人们就发现泡沫或气泡可以用来净化废水。一种用于实验室泡沫浮选研究的简单装置如图7.3所示。

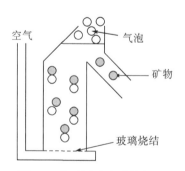

图 7.3 泡沫浮选实验的装置

空气或其他合适的气体(N$_2$、CO$_2$ 等)通过含有固体悬浮液的溶液气泡化,从而在容器形成气泡。加入合适的浮选剂(表面活性剂),并使空气鼓泡。采用气泡膜分离法去除废水中的表面活性污染物。用这种方法很容易除去低浓度的污染物,这比复杂的方法(如活性炭、过滤和各种其他化学方法)更经济。然而,还必须去除可能附着在表面活性剂上的污染物(如染料、重金属等)。这种方法现在可用于清理鱼缸等小系统。这个过程的原理是在废水罐中产生气泡并收集顶部的气泡泡沫(图 7.4)。

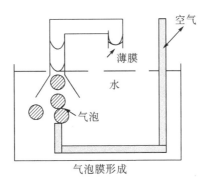

图 7.4 泡沫分离法净化污水

气泡被吹入倒置的漏斗中。在漏斗内部,气泡膜被带走并收集起来。由于气泡膜主要由表面活性物质、水组成,在气泡表面上甚至可以积聚非常微小量(小于毫克每升)的表面活性剂。如前所述,需要大量气泡来去除这一物质。然而,由于可以在很短的时间内吹出数千个气泡,所以该方法是非常可行的。

7.5 扫描探针显微镜在表面和胶体化学中的应用

几十年前,在表面科学和技术中出现了非常重要的技术发展浪潮:自组装结构(胶束、单层、囊泡)、生物分子、生物传感器、表面和胶体化学、纳米技术。事实上,目前的文献表明,随着科学技术的发展,出现了越来越灵敏的测量工具。

眼见为实,显微镜几十年来引起了人们的极大兴趣。这些发明本质上都是基于望远镜(如伽利略发明的)和光学显微镜(如胡克发明的)的工作原理。多年来,显微镜的放大率和分辨率都有所提高。人类理解自然的主要目的是能够看到原子或分子。这一目标现在已经实现,下面将给出最新的进展。科学家们的最终目标一直是能够看到活跃的分子。为了实现这一目标,显微镜应该能够在适宜条件下操作。最初,固体与其环境(气体或液体或固体)之间的各种分子相互作用只能通过界面的表面分子进行。人们发现在地质学(岩石结构和表面，表面力)中，存在可以用显微镜研究的现象。很明显，当固体或液体与另一相相互作用时，这些界面处的分子结构是非常有趣的。术语"表面"通常用于气-液或气-固相边界，而术语"界面"用于液-液或液-固相。此外，表面的许多基本性质都是以 $1\sim20nm$ 量级的形态尺度进行表征的 $[1nm=10^{-9}m=10Å(1Å=10^{-8}cm)]$。

从实验中发现，这些不同界面存在一些基本问题需要解决：

• 固体表面的分子看起来是什么样的，这些分子的特征与大分子有什么不同？对于晶体，人们会问到缺陷和位错

• 固体表面上的吸附或解吸，需要关于吸附质结构和吸附位点及构型的相同信息。已发现吸附位点在某些固体表面上具有选择性(Adamson and Gast，1997；Somasundaran，2015；Birdi，2003，2016)

• 还需要固体-吸附质相互作用能，如哈马克理论

• 生物系统中的分子识别(如高分子、抗体-抗原表面)和生物传感器(酶活性、生物传感器)

• 界面自组装结构

• 半导体

根据灵敏度和实验条件划分，分子显微技术的测试方法是多种多样的，这些显微镜的应用也非常多样和广泛。例如，它们提供了关于晶体结构和大分子的三维构型的信息。

显微镜最常见的应用是对表面分子的研究。通常，对表面的研究不仅依赖于对表面的反应性的理解，还依赖于对决定反应性的底层结构的理解。了解不同形态的影响可以理解形态的增强过程，从而提高反应选择性和产品产率。固体表面的原子或分子与体相中的原子(类似于液体表面)相比具有更少的邻接体，因此，表面原子具有不饱和的成键能力，也因此具有一定的反应活性。直到十年前，电子显微镜和其他一些类似的灵敏测量方法提供了一些关于界面的信息，但是所有这些技术总是存在一些固有的局限性。然而，随着技术发展，电子晶体学得到的图像分辨率接近于 X 射线晶体学或多维核磁共振(nuclear magnetic resonance，NMR)。为了改善电子显微镜的一些局限性，需要新的方法和步骤。近来的扫描探针显微镜(scanning probe microscope，SPM)不仅提供了从 X 射线衍射中得知的信息，而且还开拓了如纳米科学和纳米技术的新研究领域。

SPMs(Binning and Rohrer，1983；Birdi，2003，2016)的基本工作原理是在基体表面沿着纵向和高度方向(在纳米距离处)移动尖端，尖端上具有分子灵敏度(nm)的传感器(探针)(图 7.5)。这类似于用手指接触物体表面或更类似于用金属针(用于将机械振动转换为音乐声音的探针)在黑胶唱片上移动。

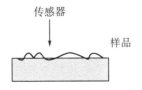

图 7.5   典型的 AFM SPM

扫描探针显微镜是在几十年前发明的(Binning and Rohrer,1986 年获得诺贝尔奖)。扫描隧道显微镜(scanning tunneling microscope,STM)是以扫描探针(金属尖端)为基础,探针在基体上方移动,同时监测探针和基体表面之间的一些相互作用。探针控制在 0.1Å 以内。

在 SPM 中,探针和基体之间的应用领域如表 7.3 所示。

表 7.3   STM 和 AFM 的应用领域

脂质单层(如朗缪尔-布洛杰特膜)
固体上的不同分层物质
接口处的自组装结构
固体表面
朗缪尔-布洛杰特电影公司
薄膜技术
离子束表面的相互作用/激光损伤
纳米蚀刻和光刻、纳米技术
半导体
矿物(页岩)表面形态
金属表面(粗糙度)
微加工技术
可视光盘
陶瓷表面结构
催化作用
表面吸附(金属、矿物)
STM/AFM 表面处理
聚合物
生物聚合物(肽、蛋白质、DNA、细胞、病毒)
疫苗

(1)STM:金属探针(约 0.2mm)和导电基体之间的隧穿电流,探针和基体非常接近,但实际上并不接触,它们由压电电机逐步控制。

(2)AFM：探针被带到基底附近，可以同时监测范德瓦耳斯力。在给定的力下，由压电电机控制此装置在基体表面沿 X-Y 方向进行扫描。

(3)FFM：是 AFM 的修正，可测量作用力（Birdi，2003）（图7.6）。

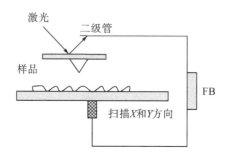

图7.6　传感器（尖端/悬臂梁/光学/磁性器件）在 X、Y、Z 方向上以纳米灵敏度（由压电马达控制）（在固-气或固-液界面）在基板上移动的示意图

SPM 和 X 射线衍射之间的最显著差异是前者可以在空气中或水中（或者在其他任何地方）进行。使用 STM 方法对腐蚀和类似体系进行了研究。将探针用塑料材料覆盖，可以在流体环境中进行测试。STM 已经被用于研究吸附在固体表面上的分子。吸附的脂质分子（Langmuir Blodgett，LB 膜）则通过 STM 和 AFM 被广泛研究，还研究了链长和其他结构的影响。AFM 已经被用于研究不同条件下的表面分子结构。

如第 6 章所述，当两个物体以分子尺寸的距离接近时同时存在两种作用力：短距离的范德瓦耳斯力和长距离的库仑力（Bockris et al.，1980；Kortum，1965；Birdi，2010b，2016）。据报道，原子力显微镜是研究这些相互作用一种非常有用的技术（Birdi，2003；Javadpour et al.，2012）。

利用 AFM 进行表面相互作用力研究：AFM 能够在非常小（几乎分子大小）的距离研究分子间的分子力（Birdi，2003；Javadpour et al.，2012）。AFM 是用于此类研究有效的且比较灵敏的工具，可用于样品的原位研究，且不需要任何处理。扫描显微镜也可以在液体中测试（Birdi，2003），这使得在不同成分的分离液中进行测试成为可能［如添加剂（盐、酸碱度等）］。最重要的研究是使用原子力显微镜（AFM）研究了水相中二氧化硅的胶体力与酸碱度的关系（Hu and Bard，1998；Birdi，2003）。测量了磷酸钠水相中 SiO_2 球体（直径约 5mm）与氧化铬表面之间的作用力（pH 从 3 到 11）。SiO_2 球体与 AFM 传感器相连，如图 7.7 所示。在文献中，这种方法也被用于研究其他固体（SiO_2 除外）。

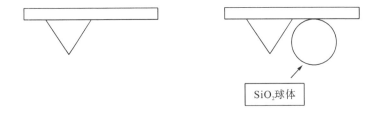

图 7.7　采用原子力显微镜观察 SiO$_2$ 球体

悬臂梁偏转程度与作用在尖端和表面之间的力(胡克定律)相关：

$$F_{\text{afm}} = k_{\text{cant}} D_{\text{cant}} \tag{7.6}$$

其中，F_{afm} 是物体(或 SiO$_2$ 球体)和表面之间的作用力；k_{cant} 是物体倔强系数；D_{cant} 是形变量。

这些数据表明 SiO$_2$ 的等电点在 pH=2 附近。磷酸盐离子与铬表面的结合按照 pH 和离子强度的函数评价(Birdi，2003b)。受力曲线与十八烷基三氯硅烷和硅探针的吸附程度有关(Hu and Bard，1998)。此外，STM 和 AFM 都被用来研究暴露在水相中的金属的腐蚀机理。由于 STM 和 AFM 都可以在水下进行测试，因此被用于各种形式的研究。文献中有大量的分析报告(Birdi，2003)。

最近报道了页岩的 AFM 研究(Javadpour et al.，2012)。在这些研究中，研究了悬臂和页岩表面之间的偏转(在空气介质中)。研究可以分为有机表面(干酪根)和无机部分。据报道，SPM 可以用来研究有机分子(如烷烃)的吸附(McGonigal et al.，1990；Castro et al.，1998；Birdi，2003)。

利用 AFM 分析了 LB 膜的塌缩态分子结构(Birdi，1997，2003)。例如，胆固醇膜呈现半蝶形结构域(每个结构域由 10^7 个分子组成)。这个数量是根据以下数据估计的：结构域的高度为 90Å，相当于 6 层胆固醇分子(分子模型中发现分子长度为 15Å)。AFM 图像分析能够计算图像的面积，只要知道胆固醇分子(40Å^2)的面积/分子的大小，就可以进行分析。与宏观域相比较，通过 AFM 原子力显微镜测量了后者的三维结构域，表明这种纳米结构可以用原子力显微镜进行研究。与普通显微镜相比，SPM 提供了 2D 和 3D 图像，3D 图像可以让人们看到不同直径的分子(混合聚合物体系)(Birdi，2003)。

8 水力压裂用乳液与微乳液

8.1 引　言

众所周知，油和水不会混合。如果摇动油和水，油会分解成小液滴（大约几毫米），但这些液滴很快就会连接在一起，恢复到原来的状态。

- 步骤一：油相和水相
- 步骤二：混合
- 步骤三：油滴在水相中
- 步骤四：过了一会儿
- 步骤五：油相和水相

人们发现油水系统存在于各种技术和生物现象中（化妆品、食品、制药、建筑、涂料、石油工业、废水处理、生物学）。然而，人们发现油和水可以在合适的乳化剂（表面活性剂）的帮助下分散，得到乳液（Becher，2001；Dickenson，1992；Friberg et al.，2003；Birdi，2007）。蛋黄酱就是能在家里找到的常见乳液。油水之间的界面张力（IFT）较高，约为 50mN/m，从而形成较大的油滴。另一方面，通过添加合适的乳化剂，可以将 IFT 值降至非常低（远低于 1mN/m）。乳液形成意味着油滴在一段给定的时间内（可长达数年）保持分散。这些乳液的稳定性和特性与应用领域是相关的。

乳液是两种或多种不混溶物质的混合物（Birdi，2014）。一些常见的例子是牛奶、黄油（脂肪、水、盐）、人造黄油、蛋黄酱等。在黄油和人造黄油中，连续相由脂质组成。这些脂质包围着水滴（油包水乳液）。所有工业乳液均通过一些方便的机械搅拌或混合制备。

压裂技术在过去十多年中发展迅速。在一些应用中，已经报道了不同的乳液基压裂液。这些流体中大多数是油-水乳液，目的是在过程中减少使用的水量。在一种情况下，使用分散在含水醇凝胶中的一氧化碳（CO），还使用了 CO 泡沫（Gupta and Hlidek，2009；Shabro，2013）。学者们正在研究这些乳液以减少在这些过程中使用的水量。某些储层的形成有可能保留泡沫中所含的最少量的水。在这些地层中，40%甲醇的水溶液体系在加拿大的几个天然气地层中产生了非常好的生产结果（附录Ⅱ）。这表明减少水具有以下优点：

- 减少或完全消除水量
- 减少使用的添加剂量
- 增加产量

8.2 乳液的结构

乳液是表面活性化合物应用的最重要领域。这些体系通常分为三种不同的类型：

- 乳液
- 微乳液
- 液晶 (liquid crystals，LC) 和溶致液晶

乳液是指同时需要应用水和油的体系。它可以是皮肤治疗用品[化妆品或食品(牛奶、黄油)]、鞋油或类似物。换句话说，可以应用两种不混溶的组分(水和油)。在大多数乳液体系中，涉及两个液相。但是，在一些复杂的系统中，如牛奶或黄油，可能有两个以上的主要成分。这可以通过收集有关 IFT 的信息以及稳定乳液所需的表面活性物质(SAS)的溶解度特征来解释。

微乳液是油-水-乳化剂-其他物质的微结构混合物。微乳液在许多方面与普通乳液结构不同。液晶是具有特殊熔融特性的物质。此外，表面活性剂-水-辅助表面活性剂的一些混合物也可以表现出溶质的液晶特性。因此，乳液技术基本上涉及制备两种不混溶物质的混合物：

- 油
- 水

通过添加合适的表面活性剂(乳化剂、辅助表面活性剂、聚合物)使两者混合形成乳液。将表面活性物质添加到油-水体系中，IFT 值从 50mN/m 降低到 30mN/m(或低于/小于 1mN/m)。摇动油-水系统，降低的 IFT 导致分散相(油或水)形成了更小的液滴。较小的液滴也可以产生更稳定的乳液。根据所用的表面活性剂，可以得到水包油(O/W)或油包水(W/O)乳液。将油水或油水+表面活性剂一起摇动的实验如图 8.1 所示。

这些乳液都是不透明的，因为它们反射光线。表 8.1 给出了一些典型的油水 IFT 值。

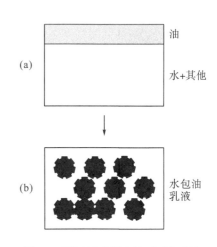

图 8.1　通过摇动混合油-水(a)或油-水表面活性剂(b)

表 8.1　不同有机液体对水的界面张力的大小(20℃)

油相	IFT/(mN/m)
十六烷	52
十四烷	52
十二烷	51
癸烷	51
辛烷	51
己烷	51
苯	35
甲苯	36
CCl_4	45
CCl_3	32
油酸	16
辛醇	9
己醇	7
丁醇	2

这些数据显示了某些趋势，对于烷烃，随着烷基链碳数的减少，IFT 的减少速度比醇要小得多。

8.2.1　油水乳液

乳液是专门为特定应用而制备的最重要的结构之一。例如，在护肤品中，日霜具有与晚霜不同的特性和成分。乳液的主要差异之一是油滴分散在水相中还是水滴分散在油相中。人们可以通过测量电导率来确定这一点，因为 O/W 的电导率高于 W/O 乳液。另一个有用的特性是 O/W 会溶解水，而 W/O 则不会。因此，应根据应用领域选择 W/O 或 O/W。对于皮肤乳液，其类型非常重要。

(1)水包油乳液：O/W 乳液的主要标准是，如果向其中加水，它将是可混溶的。此外，水蒸发后，油相将被留下。因此，如果需要在基材上有油相(如皮肤、金属、木材)，则应使用 O/W 型乳液。

(2)油包水乳液：W/O 乳液的标准是它可与油混溶。这意味着如果将乳液加入某些油中，则可获得新的但稀释的 W/O 乳液。在一些护肤霜中，优选 W/O 型乳液(特别是如果需要施用后具有油样感觉)。

8.2.2 乳化剂的 HLB 值

使用的乳化剂在水(或油)中具有不同的溶解度,这将对乳液产生影响。让我们考虑一个有油和水的体系。如果在这个体系中添加乳化剂,那么它将同时分布在油相和水相中。各相中的溶解度取决于其结构和亲水-亲油平衡(HLB)特征。用于制备乳液的乳化剂在分子结构方面具有一定特征,如两亲物分子具有 HLB 特征。因此,给定体系需要的乳化剂(如需要 O/W 或 W/O 乳液)通常需要特定的 HLB 值。表 8.2 中的数据粗略估计了给定乳液体系所需的 HLB。通常,如果乳化剂可溶解在水中,则在加入油时,得到水包油乳液;相反,如果乳化剂可溶于油,则在加水时,就可获得油包水乳液。

表 8.2 HLB 值和乳液类型

乳化剂溶解度	HLB	类型
低溶解度	4~8	W/O
易溶	10~12	润湿剂
高溶解度	14~18	O/W

3.6~6 的 HLB 值通常形成 W/O 乳液,O/W 乳液则需要 8~18 的 HLB 值。这个 HLB 标准只是一个非常普遍的考察结果,但是,必须注意单独的 HLB 值不能确定乳液类型(或稳定性)。其他参数,如温度、油相的性质和水相中的电解质也影响乳液。HLB 值与乳液稳定性程度无关。表 8.3 给出了一些表面活性剂的 HLB 值。

表 8.3 一些典型乳化剂的 HLB 值

表面活性剂	HLB
十二烷基硫酸钠	40
油酸钠	18
脱水山梨糖醇单油酸酯 EO20	15
脱水山梨糖醇单油酸酯 EO6	10
十二烷基苯磺酸钙	9
脱水山梨醇单月桂酸酯	9
大豆卵磷脂	8
脱水山梨醇单棕榈酸酯	7
甘油单月桂酸酯	5
脱水山梨糖醇单硬脂酸酯	5

续表

表面活性剂	HLB
脱水山梨糖醇单油酸酯	4
甘油单硬脂酸酯	4
甘油单油酸酯	3
蔗糖二硬脂酸酯	3
十六醇	1
油酸	1

HLB 值随着表面活性剂在水中的溶解度的降低而减小。十六烷醇在水中的溶解度(在 25℃ 时)小于每升 1 毫克。由此可见,在任何乳化液中,十六烷醇主要存在于油相中,而 SDS 主要存在于水相中。经验 HLB 值在乳化液技术中具有重要的应用价值。

结果表明,HLB 通常与油相和水相中乳化剂的分配系数 K_D 有关(Birdi,2016):

$$K_D = C(水) / C(油) \tag{8.1}$$

其中, $C(水)$ 是水相中乳化剂的平衡物质的量浓度; $C(油)$ 是油相中乳化剂的平衡物质的量浓度。

利用该平衡的热力学可以将 HLB 与 K_D 相关联,如下(Birdi,2016):

$$(HLB-7) = 0.36\ln(K_D) \tag{8.2}$$

基于这些热力学关系,我们可以得出 HLB 与乳液稳定性和结构之间的关系。

HLB 值也可以从乳化剂的结构基团估算(表 8.4)(Birdi,1997,2016)。表 8.4 在需要估算 HLB 值的情况下非常有用。

在食品工业中,人们发现食品乳化剂的许多应用。这些乳化剂必须满足特殊要求(如无毒)才能用于食品工业。在页岩压裂中,也需要类似的毒性限制。一般通过动物试验确定其毒性,该试验用于确定使一半(或更多)测试动物死亡时的物质用量(致死剂量,LD_{50})。很明显,食品乳液只会受到更严格的控制(Friberg et al.,2003)。

表 8.4　HLB 结构组值

	组	结构组值
亲水	—SO₄Na	39
	—COOH	21
	—COONa	19
	磺酸盐	11
	酯类	7
	—OH	2

续表

组		结构组值
亲油	—CH	0.5
	—CH₂	0.5
	—CH₃	0.33
	—CH₂CH₂O—	39

8.2.3 乳液形成方法

如果摇动油和水,油就会分解成液滴。然而,它们将很快聚结并恢复到两相的初始状态。人们还观察到,摇动得越多,液滴就越小。换句话说,投入系统的能量使得液滴尺寸变小。乳液是通过不同程序制成的,包括机械搅拌和其他方法。工业上使用最先进的乳液技术(Sjoblom,2001;Friberg,1976;Holmberg,2002;Birdi,2003)。因此,对于任何特定乳剂的使用方法都有大量的文献支持。在简单的情况下,乳液可以基于三种必要成分:水、油和乳化剂。换句话说,为了得到稳定(或达到最大稳定性)的乳液(在给定温度下),需要确定混合这些物质的重量比例。在三角形相图中进行研究会更加方便,胶束区域存在于水-表面活性剂边界上(图 8.2)。

在表面活性剂区附近,可以发现结晶相或层状相,利用该性质可制作洗手皂。普通洗手皂主要是脂肪酸盐(椰子油、脂肪酸或混合物)(85%)加水(15%)和一些盐等组成。X 射线分析表明,晶体结构由一系列肥皂层组成,肥皂层间由水层(含盐)隔开。洗手皂是在高压下挤压而成的,这个过程使层状晶体结构纵向排列。进一步研究发现,在各相中的其他区域存在复杂结构(图 8.2)。这张图与温度密切相关。

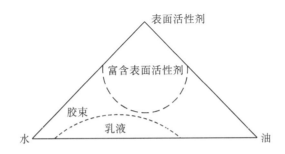

图 8.2 水-表面活性剂(乳化剂)-油混合物系统中的不同相平衡

在实践中,我们做了如下工作。通过将各成分以不同重量混合,制备适当数量(超过 50 个)的试验样品,以代表适当数量的区域(约 50 个样品)。将试样在恒温器中旋转几天以达到平衡，对试样进行离心，并分析、确定各相。采用合适的分析方法对相结构进行了研究。

很明显，这些多组分系统将形成许多不同的相。然而，通过分析一些典型的体系，我们发现有一些趋势可以作为参考。例如，另一个得到广泛研究的体系包括(Friberg，1976；Birdi，2016)：

- 水
- 己酸钾
- 正辛醇

如图 8.3 所示确定各相。

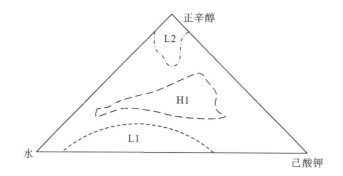

图 8.3　系统己酸钾+水+正辛醇(22℃)的相图。所有成分均以重量
百分比给出(L1 为胶束相；L2 为反胶束；H1 为六方液晶相)

该体系是一个非常有用的例子，可以理解三种成分混合时所涉及的相平衡。该体系具有一些值得注意的特点，它指出了己酸钾∶正辛醇比值的重要性，例如，将水相区外推为 1mol 正辛醇∶2mol 己酸钾，这表明，1∶2 的比例主导相区。其他研究(如脂类水膜上的单层膜)中也发现了这种混合物。通过对三相区的外推，得到了 1mol 正辛醇与 1mol 己酸钾的比值。在这简单的描述中，我们发现在如此复杂的相平衡中，一些简单的分子比可指示相边界。因此，一般来说，我们可以得出这样的结论：当使用乳液时，这些分子比是有用的。在相线处不同组分之间存在精确比率，这表明其形成了某种分子聚集体，它们对应的形成一些液晶结构。对这些分子聚集体的许多验证都是通过对水上混合薄膜的单层研究得到的(Birdi，1984，1989；Soltis et al.，2004)。在研究微乳液时也得出了类似的结论(第 8 章)。

此外，在实践中，需要制备具有一定油水比范围的乳状液。在这些情况下，研究油(O)-水(W)-乳化剂(E)的混合物作为比例图可能更有用(图 8.4)。通过研究不同的混合物，可以确定最合适的乳液区域。

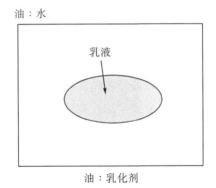

图 8.4　基于油(O)：水(W)与油(O)：乳化剂(E)之比的乳液区域

8.3　乳液稳定性和分析

乳液的稳定性取决于各项参数(液滴尺寸、液滴之间的相互作用)。以下描述这些不同的参数。

乳液液滴尺寸分析：由于已知稳定性和其他特性(如黏度和外观)与液滴尺寸有关，因此需要对其进行测量。以下商业工具可用于此类分析：

(1)库尔特粒度仪：这是最常见的类型，只需计算通过一个定义明确的孔的粒子数或滴数，其中产生的信号对应粒子的大小。

(2)光散射：激光光散射仪器非常先进，可用于粒度分布分析。激光被细小的分散颗粒或液滴散射。已知后者取决于粒子的半径。

(3)乳液稳定性：只要液滴彼此分离，乳液就会稳定。乳液或分散体的絮凝在液滴碰撞时发生，这与布朗运动、对流搅拌或重力有关，任何乳液都可以通过适当的离心处理被分离成油-水相。

两个不同物体(i 和 j)(分子、粒子、滴)之间的吸引分散力 E_{ij} 取决于以下参数：

$$E_{ij} = H_{ij} / (12 \prod R^2) \tag{8.3}$$

其中，H_{ij} 是 i 和 j 的哈马克常数；R 是颗粒之间的距离。

由于在乳液中含有油(1)和连续介质水(2)，因此 E_{121} 的表达式为

$$E_{121} = (aH_{121}) / (12R) \tag{8.4}$$

其中，a 是油滴的大小，哈马克常数 H_{121} 与分散表面张力 γ_{LD} 有关，因此对于油/水乳液：

$$H_{121} = 3 \times 10^{-14} / \varepsilon_2 (\gamma_{LD} 0.5 - \gamma_{2D} 0.5)^{11/6} \tag{8.5}$$

其中，γ_{LD} (30mN/m)是油的分散表面张力；γ_{2D} (22mN/m)是水的分散表面张力。

根据这些方程，我们发现如果油/水：

$$\gamma_{LD} = 30\,mN/m;\quad \varepsilon_2 = 1.77 \tag{8.6}$$

那么 H_{121} 等于 1.1×10^{-14}ergs，对于尺寸为 $1\mu m(a=5\times10^{-5}cm)$ 的液滴，则 E_{121} 几乎等于 $k_BT[4\times10^{-14}ergs^{①}$，在 298K（25℃）下]。已知 H_{121} 的大小始终为正，这表明在两相体系（例如油水）中，颗粒将始终彼此吸引。这意味着即使气泡也会相互吸引，实验也证实了这一点。如式（8.5）所预期的，$H_{121}^{6/11}$ 和 γ_{LD} 之间表现为线性关系。由絮凝动力学确定的 A_{121} 的实验值与理论一致。

8.3.1 带电（电荷）乳液稳定性

在某些体系中，乳化剂携带的电荷赋予乳液特定的性质。在 O/W 乳液中，油滴周围存在双电层。如果乳化剂带负电荷，那么它就会在排斥水相中带负电荷离子的同时会吸引阳离子。油滴表面电位的变化将取决于周围水相中离子的浓度。

在这些条件下的稳定状态可以定性地描述为：当两个油滴彼此接近时，负电荷引起排斥，排斥将发生在双电层区域内。因此可以看出，如果水相中的离子浓度增加，则双电层（EDL）之间的距离将减小，这是由于双电层（EDL）区域的减少所致。然而，在两个物体靠近时，存在两种不同的力：

总作用力=排斥力+吸引力

因此，总作用力的性质决定了是否：

- 两个物体将分开
- 两个物体将合并成一个聚集体

这是一个十分简化的描述，但目前的文献中已经提供了更详细的分析。其中引力来自范德瓦耳斯力。动力学运动将最终确定总作用力是否可以保持两个颗粒之间的接触。

8.3.2 液滴的乳化或絮凝

该过程是指油滴（在油水的情况下）彼此黏附并以大簇生长。油滴不会相互融合。大多数油的密度低于水的密度。这导致不稳定的油滴簇会上升到表面(Ivanov and Kralchevsky，1997；Birdi，2016)。人们可以通过以下方式减少这个过程：

（1）增加水相的黏度，从而降低油滴的移动速度；

（2）减小 IFT，从而减小油滴的大小。

离子化的表面活性剂通过赋予表面 EDL 来稳定 O/W 乳液。任何乳液的稳定程度与两液滴（O/W：油滴；W/O：水滴）形成一个大滴的凝结速率有关。这个过程意味着 O/W 乳液中的两个油滴靠近在一起，如果排斥力小于吸引力，那么这两个颗粒会

---

① 1ergs=10^{-7}J

相遇并融合成一个更大的液滴。在液滴带电的情况下，EDL 将出现在这些液滴周围（Adamson and Gast，1997；Birdi，2010a）。带负电的油滴(由带负电的乳化剂产生的电荷)将强烈地吸引周围本体水相中带正电荷的反离子。在离水滴表面很近的距离处，电荷的分布将发生很大变化。距离很远时就会呈现电中性，因为会产生等量的正负电荷。两个带负电荷的液滴之间存在静电斥力，即使在很远的距离(颗粒大小的许多倍)也会表现出很强的排斥力。EDL 曲线的形状将取决于负电荷分布和正电荷分布。很容易看出，如果反离子浓度增加，那么 EDL 的幅度将减小，这将减小总电位曲线的最大值。因此，通过减少反离子可以提高乳液的稳定性。另一种乳液稳定技术是通过聚合物实现的。吸附在固体颗粒上的大分子聚合物在颗粒表面表现出排斥作用。因此带电荷的聚合物也会产生额外的电荷-电荷排斥。

8.4　油-水界面上两亲分子的取向

目前，文献中没有合适的方法可以直接确定界面处液体分子的取向。分子在不对称力的作用下紧密排列在界面处(如气-液、液-液、固-液)。从流体表面张力的相关研究中可以获得关于分子取向的信息(Birdi，1997)，得出的结论为：在带电荷的两亲物质的存在下，界面水分子呈四面体排列，类似于冰的结构。烷烃接近冰点时，表面张力发生了突变性的变化，液体表面的 X 射线散射也表现出类似的行为(Wu et al.，1993)，然而低级链烷烃(十六烷：$C_{16}H_{34}$)没有显示出这种行为。由于液体-铂板界面处的接触角变化，$C_{16}H_{34}$ 在 18℃下的结晶状态突然变化(Birdi，1997)。相比之下，$C_{16}H_{34}$-空气界面观察到过度冷却的行为(至约 16.4℃)。每个数据点对应 1s，因此数据显示结晶非常突然。需要进行高速数据(≪1s)采集来确定转变动力学。该动力学数据将在界面处增加关于分子动力学的更多信息。

8.5　微乳液(油水系统)

如 8.2 节所述，通过混合油-水-乳化剂制备的普通乳液是热力学不稳定的。换句话说，这种乳液可以长时间稳定，但最终它将分成两相(油相和水相)。所有这些乳液可通过离心分离成两相，即油相和水相。这些乳液是不透明的，这意味着分散相(油或水)以大液滴的形式存在(超过微米级，因此肉眼可见)。

微乳液被定义为一种热-动力学稳定且澄清的水-油-表面活性剂-助表面活性剂各向同性混合物(在大多数系统中，它是短链醇)。辅助表面活性剂是第四种成分，它可以形成非常小的聚集体或液滴，使微乳液几乎澄清。

微乳液的研究表明它们是以下类型之一：

- 水包油或油包水型微粒
- 双连续结构

乳化剂同时存在于这些相中。另一方面，在具有四种组分的系统中(图 8.5)，即由油-水-表面活性剂-助表面活性剂组成的系统中，发现存在澄清相(即微乳液)区域。微乳液是热力学稳定的混合物，IFT 几乎为零，液滴非常小，这使得微乳液看起来很澄清。还有人认为微乳液可能由双连续结构组成。在这些四组分微乳液体系中，这听起来更合理。有人建议可以将微乳液与溶胀的胶束进行比较(即如果将油溶解在胶束中)。在这种各向同性混合物中，液滴之间短程有序。由于已经从大量实验中发现并非所有水-油-表面活性剂-助表面活性剂的混合物都产生微乳液，因此人们试图通过一些研究预测分子关系。

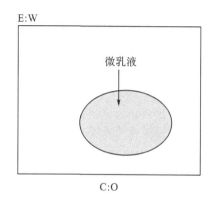

图 8.5　四组分体系：油(O)-水(W)-乳化剂(E)-表面活性剂(S)

(O：S 与 S：W 的比率)

可以通过以下程序之一形成微乳液。

将油-水混合物加入表面活性剂中。向该乳液中加入短链醇(含 4~6 个碳原子)直至获得澄清的混合物(微乳液)。显而易见的是，微乳液表现出非常特殊的性质，与普通乳液所显示的性质完全不同。微乳液滴可以被认为是大胶束。

广泛研究的非常典型的微乳液由 SDS+C_6H_6+水+助表面活性剂($C_5H_{11}OH$ 或 $C_6H_{13}OH$)的混合物组成。

通过配制各种混合物(约 20 个样品)并使系统在受控温度下达到平衡来确定相区。从文献中可以找到以下配方(Birdi，1982；2016)：混合 0.0032mol (0.92g) SDS[SDS($C_{12}H_{25}SO_4Na$)的分子量为 288] 和 0.08mol (1.44g) 水并加入 40mL C_6H_6。通过剧烈搅拌将该各物质混合，得到微乳液。在搅拌时，对于这种三组分混合物，缓慢加入辅助表面活性剂(例如：$C_5H_{11}OH$ 或 $C_6H_{13}OH$)，直至获得由微乳液组成的透明体系。发现稳定区位于表面活性剂-水和表面活性剂-醇之间。实验结果表明确实与液晶结构(在分子水平上)有关。油滴的尺寸在微米以下,因此混合物是透明的(Birdi,1982)。

这些数据清楚地表明微乳液相是某些固定比例的表面活性剂:水和助表面活性剂:油中形成的。

重要的是要考虑从宏观乳液中生成微乳液的不同阶段。前面已提到表面活性剂分子的疏水基团取向为油相,极性基团取向为水相。表面活性剂在这些界面处的取向不能通过任何直接方法测量,但可以尽量从空气-水或油-水界面的单层研究中获得许多有用的信息。

目前,人们普遍认为,无法用微乳液配方预测给定体系的基础性质。但是提出了一些建议,总结如下:

- 需要确定表面的 HLB 值(用于确定 O/W 或 W/O 类型)
- 需要确定水-油-表面活性剂(和助表面活性剂)的相图
- 发现温度的影响非常重要
- 添加电解质的效果更加重要

目前,已报道了微乳液的相平衡。研究人员研究了由食品级表面活性剂双-(2-乙基己基)磺基琥珀酸钠(AOT)形成的微乳液的相行为。从恒定温度和水浓度下浊点压力对表面活性剂 AOT 浓度的依赖性推导出临界微乳液浓度。结果表明,在非常窄的表面活性剂 AOT 浓度范围内,浊点曲线上存在转变点。转变点随温度和水浓度而变化。这些现象表明较低的温度适合于形成微乳液液滴,并且具有高水浓度的微乳液可能需要吸收更多的表面活性剂以构成界面。

8.5.1 微乳液表面活性剂

微乳液在日常生活中可用于许多不同的应用中(Friberg et al.,2003;Sjoblom,2001;Friberg,1976;Birdi,2016)。液体表面活性剂配方就是一个例子。据报道,一种轻型微乳液-表面活性剂组合物可以用于从表面除去油脂污垢。它由以下组分组成:

- 1%~10%:阴离子和阳离子表面活性剂的一种中等水溶性络合物,其中阴离子和阳离子部分基本上等量或等摩尔比例(阴离子表面活性剂)
- 1%~5%:助表面活性剂
- 1%~5%:有机溶剂
- 70%:水

配方基于以下考虑因素。已知将阴离子(如 SDS)表面活性剂与阳离子[如十六烷基三甲基溴化铵(CTAB)]混合会形成络合物(摩尔比 1:1),该物质微溶于水。

原因是带正电荷和带负电荷的部分相互作用并产生中性复合物(其不溶于水)。该复合物是油溶性的,复合组分是其中阴、阳离子的亲水基团或取代基。除了形成配合物的部分外,阴离子表面活性剂是高级链烷烃磺酸盐和高级烷基聚氧乙烯硫酸盐的混合物。辅助表面活性剂是聚丙二醇醚、聚-低级亚烷基二醇低级烷基醚,或聚-低级亚烷基二醇低级链烷酰酯,有机溶剂是非极性油,如异链烷烃,或具有极性的油,如低级脂肪烷基链。

据报道,这种液体表面活性剂是一种有效的轻型微乳液,可用于从基质中去除油脂污垢,无论是纯组分还是用水稀释。

8.5.2 油藏微乳技术

在未来几十年中,提高采收率技术(EOR)将成为主要关注点。EOR 可以增加油藏产量(Santanna et al.,2009;Bera and Mandal,2015)。目前正在研究表面活性溶液和微乳液在 EOR 中的应用。实验表明,通过应用微乳液,采收率可超过 70%,说明该方法是有效的,主要是由于油-水界面的 IFT 非常低。

目前已开发出一种新的微乳液添加剂,可有效地修复受损井,并且在稀释浓度下应用于钻井和增产处理,在提高流体采出率和相对渗透率方面非常有效(Santanna et al.,2009)。微乳液是生物降解溶剂、表面活性剂、助溶剂和水的独特混合物。当分散在水基或油基的流体中时,纳米尺寸的结构能够更容易进入储层或裂缝系统的受损区域。这些结构通过扩展其表面积的 12 倍来最大化表面能相互作用,从而在低浓度(0.1%~0.5%)下实现最大接触效率。在去水锁和聚合物伤害时可以采用 2%甚至更高浓度。实验室数据显示,微乳液可以加速致密岩心中注入流体的流出。进一步的试验表明,微乳液添加剂可以降低支撑裂缝中压裂液的顶替压力,从而造成更低的伤害和更高的采收率。这种减压在泵送操作中也很明显,当微乳液加入压裂液中时,摩阻降低了 10%~15%。现场实例表明煤、页岩和砂岩储层经修复和压裂作业后,采收率增加了 20%~50%,具体效果取决于实际参数。

参 考 文 献

Adam, N. K., *The Physics and Chemistry of Surfaces*, Clarendon Press, Oxford, 1930.

Adamson, A. W. and Gast, A. P., *Physical Chemistry of Surfaces*, 6th edn, Wiley-Interscience, New York, 1997.

Aderibigbe, A. A., Shale hydraulic fracture, MSc thesis, Texas A&M University, College Station, TX, 2012.

Ahmed, T., *Reservoir Engineering Handbook*, Gulf Professional Publishers, Boston, MA, 2001.

Ahmad, Z., *Principles of Corrosion Engineering*, Elsevier, New York, 2006.

Allan, A. M. and Mavko, G., The effect of adsorption and Knudsen diffusion on the steadystate permeability of microporous rocks, *Geophysics*, 75, 78, 2013.

Aman, Z., In: Gordon Research Conference, Galveston, TX, 28 February, 2016.

Ambrose, R. J., Diaz-Campos, M., Akkutlu, I. Y. and Sondergeld, C. H., SPE-131772, Unconventional Gas Conference, Pittsburgh, PA, 23 February 2010.

Ambrose, R. J., Hartman, R. C. and Akkutlu, I. Y., SPE: Production and Operations Symposium, Oklahoma, OK, SPE-141416-MS, 2011.

Ambrose, R. J., Hartman, R. C., Diaz-Compos, M., Akkutulu, I. Y. and Sondergeld, C. H., Shale gas in calculations Part I: New pore-scale considerations, SPE Journal, 219, 17, 2012.

Attard, P., Electrolytes and electric double layer, *Advances in Chemical Physics*, 92, 1, 1996.

Auroux, A., *Calorimetry and Thermal Methods in Catalysis*, Springer, Berlin, 2013.

Aveyard, R. and Hayden, D. A., *An Introduction to Principles of Surface Chemistry*, Cambridge University Press, London, 1973.

Avnir, D., ed., *The Fractal Approach to Heterogeneous Chemistry*, Wiley, New York, 1989.

Badra, H., Modeling of fractures, MSc Thesis, University of Oklahoma, Norman, OK, 2011.

Bancroft, W. D., *Applied Colloid Chemistry*, McGraw-Hill, New York, 1932.

Bear, J., *Dynamics of Fluids in Porous Media*, Dover, New York, 1972.

Becher, P., *Emulsions, Theory and Practice*, 3rd edn, Oxford University Press, New York, 2001.

Belsky, T., Organic geochemistry and chemical evolution, PhD Thesis, University of California, Berkeley, 1966.

Bera, A. and Mandal, A., Microemulsions: A novel approach to enhanced oil recovery: A review, *Journal of Petroleum Exploration and Production Technology*, 255, 5, 2015.

Bhattacharya, J. and MacEachern, J.A., Models for shelf shales, *JSR*, 79, 184, 2009.

Bihl, J. and Brady, P. V., 125th Anniversary Annual Meeting and Expo. of Geological Society of America, Denver, CO, 27 October, 2013.

Binnig, G. and Rohrer, H., Scanning tunneling microscopy, *Surface Science*, 236, 126, 1983.

Birdi, K. S., *Journal of Colloid and Polymer Science*, 250, 7, 1972.

Birdi, K. S., Cell adhesion on solid surfaces, *J. Theor. Biol.*, 1, 93, 1981.

Birdi, K. S., *Journal of Colloid and Polymer Science*, 260, 8, 1982.

Birdi, K. S., *Lipid and Biopolymer Monolayers at Liquid Interfaces*, Plenum, New York, 1989.

Birdi, K.S., Vu, D. and Winter, A., A study of the evaporation of small water drops placed on a solid, surface, *J. Phys. Chem.*, 93, 3702, 1989.

Birdi, K. S., *Fractals in Chemistry, Geochemistry and Biophysics*, Plenum, New York, 1993.

Birdi, K. S., ed., *Handbook of Surface and Colloid Chemistry*, CRC Press, Boca Raton, FL, 1997.

Birdi, K. S., *Self-Assembly Monolayer (SAM) Structures*, Plenum, New York, 1999.

Birdi, K. S., ed., *Handbook of Surface and Colloid Chemistry-CD Rom*, 2nd edn, CRC Press, Boca Raton, FL, 2003a.

Birdi, K. S., *Scanning Probe Microscopes (SPM)*, CRC Press, Boca Raton, FL, 2003b.

Bird, R. B., *Transport Phenomena*, Wiley, New York, 2007.

Birdi, K. S., ed., *Handbook of Surface and Colloid Chemistry-CD Rom*, 3rd edn, CRC, Boca Raton, FL, 2009.

Birdi, K. S., *Interfacial Electrical Phenomena*, CRC Press, Boca Raton, FL, 2010a.

Birdi, K. S., *Surface and Colloid Chemistry*, CRC Press, Boca Raton, FL, 2010b.

Birdi, K. S., *Surface Chemistry Essentials*, CRC Press, Boca Raton, FL, 2014.

Birdi, K. S., ed., *Handbook of Surface and Colloid Chemistry-CD Rom*, 4th edn, CRC Press, Boca Raton, FL, 2016.

Birdi, K. S. and Ben-Naim, A., Standard free energy of transfer of a solute from water into micelles, *Journal of Chemical Society, Faraday Transactions*, 2035, 76, 1980.

Birdi, K. S., Vu, D. T., Winter, A. and Naargard, A., A study of the evaporation rates of small water drops placed on a solid surface, *Journal of Colloid and Polymer Science*, 266, 5, 1988.

Bissonnette, B., Courard, L. and Garbacz, A., *Concrete Surface Engineering*, CRC Press, Boca Raton, FL, 2015.

Blomberg, C., *Physics of Life*, Elsevier, New York, 2007.

Bockris, J. O., Conway, B. E. and Yeager, E., *Comprehensible Treatise of Electrochemistry*, Vol. 1, Plenum, New York, 1980.

Bolt, P. and Kaldi, J., eds, *Evaluating Fault and Cap Rock Seals*, American Association of Petroleum Geologists, Tulsa, OK, 2005.

Bondarenko, V. Kovalesvka, I. and Ganuschevch, K., *Coal Bed Methane*, CRC Press, Boca Raton, FL, 2014.

Borysenko, A., Clennell, B., Sedev, R., Burgar, I., Ralston, J., Rven, M. and Brandt, A. R., Wettability of clays and shales, *Environmental Science and Technology*, 7489, 42, 2008.

Boschee, P., *Oil and Gas Facilities*, 22, 1, 2012.

Bozak, R. E. and Garcia, M. Jr., Chemistry in the oil shales, *Journal of Chemical Education*, 154, 53, 1976.

Brezonik, P. L. and Arnold, W. A., *Water Chemistry*, Oxford University Press, Oxford, 2011.

Bumb, A. C. and McKee, C. R., Adsorption of methane on solids, *SPE*, 179, 3, 1988.

Burlingame, A. L, Haug, P., Belsky, T. and Calvin, M., Occurance of stearanes in shales, *Proceedings of the National Academy of Sciences*, 1406, 54, 1965.

Burnham, A. K. and McConaghy, J. R., 26th Oil Shale Symposium, Lawrence Livermore National Laboratory, Golden, CO, 2006.

Cahoy, D. R., Gehman, J. and Lei, Z., Fracking patents: The emergence of patents as information-containment tools in shale drilling, *19th Michigan Telecommunications and Technology Law Review*, 279, 2013.

Calvin, M., *Chemical Evolution*, Clarendon, Oxford, 1969.

Cernica, J. N., *Geotechnical Engineering*, Holt, Reinhart and Winston, New York, 1982.

Chalmers, G. R. I. and Busstin, R. M., Surface characterization of coals, *International Journal of Coal and Geology*, 223, 39, 2007.

Chang, Y., Liu, X. and Christie, P., Gas evolution in China, *Environmental Science and Technology*, 12281, 46, 2012.

Chapman, E. C., Capo, R. C., Stewart, B. W., Kirby, C. S., Hammck, R., Schroeder, K. T. and Ederborn, H. M., Isotope characterization of produced water, *Environmental Science and Technology*, 3545, 46, 2012.

Chattoraj, D. K. and Birdi, K. S., *Adsorption and the Gibbs Surface Excess*, Plenum, New York, 1984.

Cini, R., Loglio, G. and Ficalbi, A., Surface tension of water, *Journal of Colloid and Interface Science*, 41, 287, 1972.

Civan, F., *Transport in Porous Media*, 375, 82, 2010.

Clark, D. C., Wilde, P. J. and Marion, D., *Journal of the Institute of Brewing*, 23, 100, 1994.

Clark, R. C., Application of hydraulic fracturing to the stimulation of oil and gas production, *Drilling and Production*, 113, 453, 1953.

Coppens, M. O., Characterization of fractal surface roughness and its influence on diffusion and reaction, *Colloids Surfaces*, 257, 187, 2001.

Corrin, M. L., Areas of carbon blacks and other solids by gas absorption, *Journal of the American Chemical Society*, 4061, 73, 1951.

Cronin, M. T. D., *Predicting Chemical Toxicity and Fate*, CRC Press, New York, 2004.

Davies, J. T. and Rideal, E. K., *Interfacial Phenomena*, Academic, New York, 1963.

Deam, J. R. and Mattox, R. N., Interfacial tension in hydrocarbon systems, *Journal of Chemical and Engineering Data*, 216, 15, 1970.

Defay, R., Prigogine, I., Bellemans, A. and Everett, D. H., *Surface Tension and Adsorption*, Longmans, Green, London, 1966.

De Gennes, P. G., Wyatt, F. B. and Quere, D., *Capillarity and Wetting Phenomena*, Springer, New York, 2003.

Deghanpour, H., Lan, Q., Saeed, Y., Fei, H. and Qi, Z., Spontaneous imbibition of brine and oil in gas shales: Effect of water adsorption and resulting microfractures, *Energy and Fuels*, 3039, 27, 2013.

Dewhurst, D. and Liu, K., *Journal of Geophysical Research: Solid Earth*, 114, 883, 2009.

Dickenson, E., *Colloid Surface*, B, 197, 20, 1992.

Dolphin, D., ed., *The Porphyrins, Structure and Synthesis*, Academic, New York, 1978.

Donaldson, E., Alam, W. and Begum, N., *Hydraulic Fracturing Explained*, Gulf, Houston, TX, 2013.

Donaldson, M. A., Berke, A.E. and Raff, J. D., Uptake of gas on soil surfaces, *Environmental Sciences and Technology*, 48, 375, 2013.

Drummond, C. and Israelachvili, J., *Journal of Petroleum Science and Engineering*, 61, 45, 2004.

Dunning, J.D., Wardell, D. and Dunn, D.E., Chemo-mechanical weakening in the presence of surfactants, *J. Geophysical Research (Solid Earth)*, 85, 5344, 1980.

Dyni, J. R., *Oil Shale*, 193, 20, 2003.

El-Shall, H. and Somasundaran, P., Fracture formation, *Powder Technology*, 275, 38, 1984.

Emmett, P. H. and Brunauer, S., *Journal of the American Chemical Society*, 1553, 59, 1937.

Engelder, T., Cathles, L. M. and Bryndzia, L. T., Residual water treatment in gas shales, *Journal of Unconventional Oil and Gas Resources*, 33, 7, 2014.

Fainerman, V. B., Miller, R. and Mohwald, H., *Journal of Physical Chemistry*, 809, 106, 2002.

Fathi, E. and Yucel, A. I., SPE Annual Technical Conference and Exhibition, New Orleans, LA, 4, 2009.

Feder, J., *Fractals: Physics of Solids and Liquids*, Plenum, New York, 1988.

Fendler, J. H. and Fendler, E. J., *Catalysis in Micellar and Macromolecular Systems*, Academic, New York, 1975.

Fengpeng, L., Zhiping, L., Zhifeng, L., Zhihao, Y. and Yingkun, F., Oil and gas technology, *Review IFP Energies Nouvelles*, 1191, 69, 2014.

Feres, R. and Yablonsky, G., Knudsen's cosine law and random billiards, *Chemical Engineering Science*, 1541, 59, 2004.

Freeman, C. M., Moridis, G. J. and Blasingame, T. A. A., *Proceedings: TOUGH Symposium*, Berkeley, 14 September 2009.

Freeman, C. M., Moridis, G. J. and Blasingame, T. A. A., *Transport in Porous Media*, 90, 253, 2011.

Freundlich, H., *Colloid and Capillary Chemistry*, Methuen, London, 1926.

Friberg, S., Larsson, K. and Sjoblom, J., *Food Emulsions*, CRC Press, Boca Raton, FL, 2003.

Frohn, A. and Roth, N., *Dynamics of Droplets*, Springer, Berlin, 2000.

Fuerstenau, M. C., Jameson, G. J. and Yoon, R. H., *Froth Flotation*, Society of Mining Metallurgy and Exploration, CO, 1985.

Gaines, G. L., Jr., *Insoluble Monolayers at Liquid-Gas Interfaces*, Wiley-Interscience, New York, 1966.

Gitis, N. and Sivamani, R, *Tribology Transactions*, Taylor & Francis Group, New York, 2014.

Gold, T. and Soter, S., The deep-earth gas hypothesis, *Scientific American*, 154, 242, 1980.

Gregory, K. B., Vidic, R. D. and Dzombak, D. A., Water management challenges associated with the production of shale gas by hydraulic fracturing, *Elements*, 181, 7, 2011.

Gudmundsson, A., Fracture dimensions, displacements and fluid transport, *Journal of Structural Geology*, 1221, 22, 2000.

Gupta, D. V. S. and Carman, P. S., Paper SPE-141260, at SPE International Symposium on Oilfield Chemistry, The Woodlands, TX, 11 April 2011.

Gupta, D. V. S. and Hlidek, B. T., Paper SPE-119478, at SPE Hydraulic Fracturing Tech. Conf., The Woodlands, TX, 21 January 2009.

Hansch, C., Leo, A. and Taft, W., *Chemical Reviews*, 783, 102, 2002.

Hansen, M. C., *Hansen Solubility Parameters*, Taylor & Francis, New York, 2007.

Harkins, W. D., *The Physical Chemistry of Surface Films*, Reinhold, New York, 1952.

Hesselbo, S., Grocke, D., Jenkyns, H. C., Bjerrum, C. J, Farrimond, P., Bell, H. S. M. and Green, O. R., *Nature*, 392, 406, 2000.

Hill, D.G. and Nelson, C.R., Gas productive fractured shales, *Gas Tips*, 6, 4, 2000.

Holmberg, K., ed., *Handbook of Applied Surface and Colloid Chemistry*, Wiley, New York, 2002.

Howard, G. C., *Hydraulic Fracturing*, Mineral Law Series, Rocky Mountain Mineral Law Foundation, Westminster, CO, 1970.

Howarth, R. W., Santoro, R. and Ingraffea, A., *Climate Change*, 679, 106, 2011.

Hsu, J. P. and Kuo, Y. C., The critical coagulation concentration of counterions: Spherical particles in asymmetric electrolyte solutions, *Journal of Colloid and Interface Science*, 530, 185, 1997.

Hunt, J., *Petroleum Geochemistry*, W.H. Freeman, San Francisco, CA, USA, 1996.

Hu, K. and Bard, A. J., In situ monitoring of kinetics of charged thiol adsorption on gold using an atomic force microscope, *Langmuir*, 14, 4790, 1998.

Ivanov, I. B., Effect of surface mobility on the dynamic behavior of thin liquid films, *Pure and Applied Chemistry*, 1241, 52, 1988.

Ivanov, I. B. and Kralchevsky, P., *Colloid Surfaces A*, 155, 128, 1997.

Jarvie, D. M., Hill, R. J., Ruble, T. E., and Pollastro, Unconventional shale-gas systems, *American Association of Petroleum Geologists Bulletin*, 475, 91, 2007.

Javadpour, F., Gas flow in shales, *Journal of Canadian Petroleum Technology*, 16, 16, 2009.

Javadpour, F., Farshi, M. M. and Amrein, M., AFM studies of shale, *Journal of Petroleum Technology*, 236, 2012.

Javadpour, F., Fisher, D. and Usworth, M., Nanopores in shales and siltstones, *Journal of Petroleum Technology*, 16, 46, 2007.

Jaycock, M. J. and Parfitt, G. D., *Chemistry of Interfaces*, Ellis Horwood Hemel Hempstead, England, 1981.

Jennings, H. Y., The effect of temperature and pressure on the interfacial tension of benzenewater and normal decane-water, *Journal of Colloid Interface Science*, 323, 24, 1967.

Josh, M., Estaban, L., Delle, C., Sarout, J., Dewhurst, D. N. and Clennel, M. B., *Journal of Petroleum Science and Engineering*, 107, 88, 2012.

Kale, S. V., Rai, C. S. and Sondergeld, C. H., SPE-131770, Unconventional Gas Conference, Pittsburgh, PA, 3 February 2010.

Kamperman, M. and Synytska, A., *Journal of Material Chemistry*, 22, 19390, 2012.

Kargbo, D. M., Wilhelm, R. G. and Campbell, D. J., *Environmental Science and Technology*, 5679, 44, 2010.

Kim, J. H., Ahn, S. J. and Zin, W. C., *Langmuir*, 6163, 23, 2007.

Klimpel, R. R., in: Kawatra, S. K., ed., *High Efficiency Coal Preparation*, Society for Mining, Metallurgy and Exploration, Littleton, CO, 1995.

Klimpel, R. R., Society of Mining, Metallurgy, and Exploration, Littleton, 141, 1995.

Knudsen, M., Kinetic Theory of gases, *Methuens Monographs on Physical Subjects*, Methuen Publishing, London, 1952.

Kortum, G., *Treatise on Electrochemistry*, Elsevier, New York, 1965.

Kubinyi, H., *QSAR*, VCH, Weinheim, 1993.

Kumar, A., MSc thesis, Adsorption of Methane on Carbon, National Institute of Technology, Rourkela, India.

Kumar, D., *Analysis of Multicomponent Seismic Data（Offshore Oregon）*, Ph.D., The University of Texas, Austin, TX, 2005.

Kvenvolden, K. A., A review of the geochemistry of methane in natural gas hydrate, *Organic Geochemistry*, 997, 23, 1995.

La Mer, V. K., *Retardation of Evaporation by Monolayers*, Academic, New York, 1962.

Lash, G. G., Analyses of black shales, *Marine and Petroleum Geology*, 317, 23, 2006.

Lash, G. G. and Blood, D. R., Analyses of black shales, *Basin Research*, 51, 19, 2007.

Lash, G. G. and Engelder, T., Analyses of black shales, *American Association of Petroleum Geologists Bulletin*, 1433, 89, 2005.

Lash, G. G. and Engelder, T., Analyses of black shales, *American Association of Petroleum Geologists Bulletin*, 61, 95, 2011.

Latanision, R. M. and Pickens, J. R., *Atomistics of Fracture*, Plenum, New York, 1983.

Leja, J., *Surface Chemistry of Froth Flotation*, Springer Science and Business Media, New York, 2012.

Letham, E. A., Matrix permeability measurement of gas shales, Thesis, The University of British Columbia, Canada, 2011.

Levorsen, A. I., *Geology of Petroleum*, 2nd edn, Freeman, San Francisco, 1967.

Lichtman, V. I., Rehbinder, P. A. and Karpenko, G. V., *Effect of Surface-Active Medium on the Deformation of Metals*, H. M. Stationery Office, London, 1958.

Liebowitz, H., ed., *Fracture: An Advanced Treatise*, Academic, New York, 1971.

Liu, Y., Yu, B., Xu, P. and Wu, J., *Fractals*, 1, 55, 2007.

Lovett, D., *Science with Soap Films*, Institute of Physics Publishing, Bristol, 1994.

Lu, X. C., Li, F. C. and Watson, A. T., *Fuel*, 590, 74, 1995.

Ma, Y. Z. and Holditch, S. A., *Unconventional Oil and Gas Resources Handbook*, Elsevier, Amsterdam, 2016.

McCafferty, E., *Introduction to Corrosion Science*, Springer, New York, 2010.

Malkin, A. I., *Colloid Journal*, 74, 223, 2012.

Matijevic, E., ed., *Surface and Colloid Science*, Vol. 1－9, Wiley-Interscience, New York, 1969-1976.

Maynard, J. B., Geology, *GSA*, 262, 9, 1983.

Melikoglu, M., Gas shale reservoirs, *Renewable and Sustainable Energy Reviews*, 460, 37, 2014.

Mirchi, V., Saraji, S., Goual, L. and Piri, M., *Fuel*, 148, 127, 2015.

Morrow, N. R. and Mason, G., *Current Opinion in Colloid and Interface Science*, 6, 321, 2001.

Nduagu, I. and Gates, I. D., *Environmental Science and Technology*, 8824, 49, 2015.

O'Brien, N. and Slatt, R. M., eds, *Argilleaceous Rock Atlas, Springer*, New York, 1990.

Oligney, R. and Economides, M., *Unified Fracture Design*, Orsa, 2002.

Ozkan, E., Performance of horizontal wells, Thesis, Tulsa University, OK, 1988.

Ozkan, E., Raghavan, R. and Apaydin, O. G., SPE, Annual Technical Conference and Exhibition, Florence, Italy, 19, 2010.

Pagels, M., Hinkel, J. and Willberg, D., *Capillary Suction*, SPE, Inter. Symp. and Exh. On Formation and damage control,

SPE-151832, Denver, CO, 2011.

Partington, J. R., *An Advanced Treatise of Physical Chemistry*, Vol. II, Longmans Green, New York, 1951.

Passey, Q., Bohacs, K., Esch, W., Klimintidis, R. and Sinha, S., *Shale Reservoir Model*, SPE-131350, International Oil and Gas Conference and Exhibition, Beijing, China, 2010.

Perenchio, W. F., Corrosion of reinforcing steel, *ASTM STP*, 169C, 164, 1994.

Rao, V., Shale Gas, RTI Press, Research Triangle Park, NC, 2012.

Rehbinder, P. A. and Schukin, E. D., *Progress in Surface Science*, 3, 97, 1972.

Reid, R. C., Prausnitz, J. M. and Poling, B. E., *The Properties of Gases and Liquids*, 4th edn, McGraw-Hill, New York, 1987.

Richard, F. S. and Qin, B., *Petrophysics*, 49, 301, 2008.

Roberge, P. R., *Handbook of Corrosion Engineering*, McGraw-Hill, New York, 1999.

Rogala, A., Krzysiek, J., Bernaciak, M. and Hupka, J., *Physiochemical Problems of Mineral Processing*, 313, 49, 2013.

Rosen, J. and Kunjappu, J. T., *Surfactants and Interfacial Phenomena*, Wiley, New York, 2012.

Ross, D. J. K. and Bustin, R. M., *Fuel*, 2696, 86, 2007.

Rubinstein, B. Y. and Bankoff, S. G., *Langmuir*, 17, 130, 2001.

Russell, W. I., *Principles of Petroleum Geology*, McGraw-Hill, New York, 1960.

Ruthven, D. M, *Principles of Adsorption and Adsorption Processes*, Wiley-Interscience, New York, 1984.

Sakhaee-Pour, A. and Bryant, S., *SPE- Reservoir Evaluation and Engineering*, 15, 401, 2012.

Santanna, V. C., Dantas, C. and Neto, A. A. D., *Journal of Petroleum Science and Engineering*, 117, 66, 2009.

Santos, P.M., *Automatic Pavement Crack Detection*, M.Sc., Instituto Superior Tecnico, Univ. Tech. Lisbon, Portugal, 2008.

Scesi, L. and Gattinoni, *Water Circulation in Rocks*, Springer, New York, 2009.

Scheidegger, A. E., *The Physics of Flow through Porous Media*, University Press of Toronto, Toronto, 1957.

Scheider, M., Osselin, F., Andrews, B., Rezgui, F. and Tebeling, P., *Journal of Petroleum Science and Engineering*, 476, 78, 2011.

Scheludko, A., *Colloid Chemistry*, Elsevier, New York, 1966.

Schoell, M., *Geochemica et Cosmochimica Acta*, 649, 44, 1980.

Schramm, L. L., *Surfactants: Fundamentals and Applications in Industry*, Cambridge University Press, Cambridge, 2010.

Shabro, V., Javadpour, F. and Torres-Verdi, C., A generalized finte-difference diffusive-advective (FDDA) model for gas flow in micro- and nano- porous media, *World Journal of Engineering*, 7, 6, 2009.

Shabro, V., Torres-Verdi, C. and Javadpour, F., Society of Petrophysicists and Well-Log Analysts, Colorado Springs, CO, 15 May, 2011a.

Shabro, V., Torres-Verdi, C., and Javadpour, F., SPE-144355, paper presented at the Unconventional Gas Conference, SPE, The Woodlands, TX, 14 June, 2011b.

Shabro, V., Torres-Verdín, C. and Sepehrnoori, K., SPE, Tech Conference, Austin, TX, October, 2012.

Shabro, V., Modeling of Organic shale, PhD Thesis, U. Texas, Austin, TX, 2013.

Shih, J. S., Saiers, J. E., Anisfeld, S. C. and Climstead, S., *Environment Science and Technology*, 9557, 49, 2015.

Shipilov, S. A., Jones, R. H., Olive, J. M. and Rebak, R. B., eds, *Chemistry, Mechanics and Mechanisms*, Elsevier, New York, 2008.

Shou, D., Ye, L., Fan, J. and Fu, K., *Langmuir*, 149, 30, 2014.

Singh, P., Stratigraphic of shale, Northeast Texas, PhD Thesis, University of Oklahoma, Norman, OK, 2008.

Slatt, R., *Open Geosciences*, 135, 3, 2011.

Sloan, E. D. and Koh, C., *Clathrate Hydrates of Natural Gases*, 3rd edn, CRC Press, Boca Raton, FL, 2007.

Smith, M. B. and Montgomery, C. T., *Hydraulic Fracturing*, CRC Press, Boca Raton, FL, 2015.

Soltis, A. N., Chen, J., Atkin, L. Q. and Hendy, S., Specific ion binding influences on surface potential of chromium oxide, *Current Applied Physics*, 4, 152, 2004.

Somasundaran, P., *Colloidal and Surfactant Sciences*, CRC Press, New York, 2006.

Somasundaran, P., *Oil Spill Remediation*, Wiley, New York, 2010.

Somasundaran, P., *Encyclopedia of Surface and Colloid Science*, CRC Press, Boca Raton, FL, 2015.

Somasundaran, S., Freeman, M. P. and Fitzpatrick, J. A., eds, *Theory, Practice and Process for Separation*, Engineering Foundation, New York, 1981.

Somorjai, G. A., *Introduction to Surface Chemistry and Catalysis*, Wiley, New York, 2000.

Sondergeld, C. H., Ambrose, R. J., Rai, C. S. and Moncrieff, J., Unconventional Gas Conference, SPE-131771-PP, Pittsburgh, PA, 23 February, 2010.

Speight, J. G., ed., *Fuel Science Technology Handbook*, Marcel Dekker, New York, 1990.

Speight, J. G., *The Chemistry and Technology of Coal*, 3rd edn, CRC Press, Boca Raton, FL, 2013.

Starostina, I. A., Stoyanov, O. V. and Deberdeev, R. Y., *Polymer Surfaces: Adhesion on Polymer-Metal Systems*, CRC, Boca Raton, FL, 2014.

Stefan, J., Surface tension at oil/water interface, *Ann. Phys.*, 29, 655, 1886.

Stegemeier, G. I., PhD Thesis, University of Texas, Austin, TX, 1959.

Stringfellow, W. T. and Domen, J. K., *Journal of Hazardous Materials*, 37, 275, 2014.

Striolo, A., Klaessig, F., Cole, R., Wilcox, J., Chase, G. G., Sondergeld, C. H. and Pasquali, M., Workshop Report, NSF, 2012.

Tanford, C., *The Hydrophobic Effect*, Wiley, New York, 1980.

Theodori, G.L., Luloff, A.E., Willits, F.K. and Burnett, D.B., Hydraulic fracturing, *Energy Res. and Soc. Sci.*, 2, 66, 2014.

Thomas, M. M. and Clouse, J. A., *Geochimica et Cosmochimica Acta*, 2781, 54, 1990.

Tissot, B. P. and Welte, D. H., *Petroleum Formation and Occurrence*, Springer, New York, 1978.

Tissot, B. P. and Welte, D. H., *Petroleum Formation and Occurrence*, Springer, Berlin, 1984.

Trevena, D. H., *The Liquid Phase*, Wykeham Science Series, London, 1975.

Tucker, M. E., *Sedimentary Petrology, an Introduction*, Blackwell, London, 1988.

Tunio, S. Q., Tunio, A. H., Ghirano, N. A. and Adawy, Z. M. E., *International Journal of Applied Science and Technology*, 143, 1, 2011.

Vafai, K., *Handbook of Porous Media*, CRC Press, Boca Raton, FL, 2015

Venkateswarlu, K. S., *Water Chemistry*, New Age International Publishers, New Delhi, 1996.

Walls, J., *Journal of Petroleum Technology*, 2708, 34, 1982.

Wang, Q., Chen, X., Jha, A. N. and Rogers, H., *Renewable and Sustainable Energy Reviews*, 1, 30, 2014.

Wang, S., Feng, Q., Javadpour, F., Xia, T. and Li, Z., *International Journal of Coal Geology*, 147, 9, 2015.

Weber, C. L. and Clavin, C., *Environmental Science and Technology*, 5688, 46, 2012.

Wilson, A. J., ed., *Foams: Physics, Chemistry and Structure*, Springer, New York, 1989.

Wu, X. Z., Ocko, B. M., Sirota, C. B., Sinha, S. K., Deutsch, M., Cao, B. H. and Kim, M. W., X-ray scattering of liquid surfaces, *Science*, 1018, 261, 1993.

Yen, T. F. and Chilingarian, G. V., eds, *Oil Shale*, Elsevier, Amsterdam, 1976.

Yew, C. H. and Weng, X., eds, *Mechanics of Hydraulic Fracturing*, 2nd edn, Elsevier, Amsterdam, 2014.

Yoon, R. H., Luttrell, G. H. and Adel, G. T., *Advanced System for Producing Superclean Coal*, Final Report, DOE, August, 1990.

Yu, B. and Li, J., *Fractals*, 365, 9, 2001.

Yu, H. Z., Soolaman, D. M., Rowe, A.W. and Banks, J. T., *ChemPhysChem*, 5, 1035, 2004.

Yu, Y. S., Wang, Z. and Zhao, Y. P., *Journal of Colloid and Interface Science*, 1016, 10, 2011.

Zelenev, A.S., *Surface Energy of Shales*, Soc. Petr. Eng., The Woodlands, TX, 11-13 April, 2011.

Zhang, K., Fluids for fracturing subterranean formations, US Patent, No.6,468,945, 2002.

Zhang, K. and Gupta, D.V.S., Foam fluid for fracturing, US Patent No.6,410,489, 2002.

Zhang, Y., Chen, Y., Shi, L. and Guo, Z., Stable superhydrophobic coatings from thiolligand nanocrystals and their application in oil/water separation *Journal of Material Chemistry*, 22, 799, 2012.

Zheng, M., MS Thesis, Rock-based characterization of gas shale, University of Oklahoma, Norman, OK, 2011.

Zinola, C. F., *Electrocatalysis: Computational, Experimental and Industrial Aspects, Surfactant Science Series*, CRC Press, Taylor & Francis Group, Boca Raton, FL, 2010.

Zou, C., *Unconventional Petroleum Geology*, Elsevier, Amsterdam, 2012.

附录 I 页岩气藏地球化学

自从人类发现火以来，能源一直是地球上人类日常生活的必需品。最初，能源需求由木材提供，后来又增加了其他来源（如煤、石油、天然气、风能、水能、原子能、太阳能、波浪等）。此外，已知地球内部与地球表面相比具有非常高的能源潜力（关于温度和压力梯度）（Dewhurst and Liu，2009；Hunt，1979；Gold and Soter，1980）。地球内部和表面之间存在非常动态的差异，这表明人类（和进化）与地球内部变化之间的相互作用是相互关联的，人类从不同地点的熔岩喷发中意识到了这一点。另外，众所周知，大约一个世纪前，当钻井用于获取饮用水时（在美国和其他地方），人们发现了石油。

地球上的人需要能量才能生存。例如，仅石油就以每天约 1 亿桶的速度消耗。十年前，常规油藏中的石油和天然气供应量一直很低（Dewhurst and Liu，2009）。资源（石油或天然气）在从源油藏迁移时被困在特定的岩石结构中（石油或天然气最初是通过地质历史产生的），形成现今的油气储层。大多数常规岩石是砂岩或碳酸盐材料。在页岩矿床（全球）中发现的这些难以接近的能源的勘探和开发被认为具有满足未来全球能源需求的潜力。最初形成石油/天然气的岩石结构被指定为烃源岩。

油/气迁移：源岩（页岩）→常规油藏。

数十年来已知的是，常规储层中发现的油/气是从烃源岩（即页岩储层，非常规）迁移而来的。此外，常规储层中的油气沉积物存在于沉积岩中。在地下结构中发现了油池，这些流体被困在褶皱的沉积岩层中。这些油气藏是由多孔沉积岩构成的，上面覆盖着一层不透水的地层结构（油/气不易通过该地层迁移）。从这些早期的勘探中可以看出，传统储层中的油/气并非在那里产生（Levorsen，1967；Hunt，1979；Maynard，1983；Tissot and Welte，1984；Russell，1960；Speight，1990；Dyni，2003；Slatt，2011；Melikoglu，2014）。同样可以接受的是，在这些储层中，油经油层迁移直至被困在特定的岩石结构中。目前，已确定页岩储层是石油和天然气（主要是甲烷）的烃源岩。典型的层饼结构是最具特色的页岩［图 A1.1（a）和 A1.1（b）］。

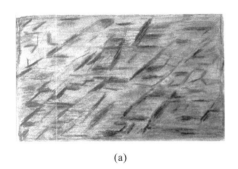
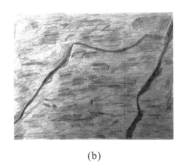

|(a)|(b)|

图 A1.1　页岩的典型图(a)；页岩中的裂缝(微米级)(b)

因此，天然气页岩是一个源储层，其中气体紧密结合并且几乎没有解吸(即非常微小百分比的原始油/气已经迁移)。此外，碳同位素分析(超过 200 种不同的页岩样品)表明有机物质在不同的岩石中是不同的。结论是，非海洋碳具有与煤类似的同位素组成，表明来源是木质材料。石油地球化学的研究是基于对石油(包括甲烷、乙烷等)的来源、产生和迁移的基本化学-物理原理的理解。

众所周知，地球的化学演化和地球化学是复杂的现象(Shabro，2013；Ozkan，1988；Hunt，1979；Calvin，1969；Lash，2006；Lash and Blood，2007；Lash and Engelder，2005，2011)。页岩通常定义为各种富含黏土的沉积岩。常见的沉积岩是砂岩、石灰岩和页岩。众所周知，页岩是一种细粒度的沉积物质，主要由各种黏土矿物、石英、方解石和有机物质的薄片组成。页岩具有典型的层状结构，且沿着其薄层状平行层发生断裂。这种岩石具有低孔隙度和低渗透率。由于有机物质的存在，黑色页岩与含碳量有关。沉积岩中约有 60%的页岩。页岩的矿物组成通常为：

- 石英：30%
- 长石：4%
- 碳酸盐：5%
- 氧化铁：1%
- 黏土矿物：50%
- 有机物：变量

黑色页岩可以产生石油/天然气。天然气通过碳质有机物的长期生热过程形成。在这些岩石中发现的石油被称为石油和天然气产品(主要由碳和氢组成)，这些都是由植物或动物遗骸的分解产生的。人们发现，通常情况下，含有天然气的页岩层在地表下 2～3km 处。页岩的分析通常用于确定油气采收策略，发现 2%的总有机碳(TOC)约为可行的油/气采收最小值。TOC 表示可能已分解为油/气的有机物的数量，所以与气体产量/采收率成正比。在一个地点，天然气产量和 TOC 之间存在以下关系：

$$产气量 = 66(TOC) + 60$$

显然，不能期望这种相关性可以被大面积推广。然而，它可以很好地表明 TOC 是油气采收的决定因素。在储层中，TOC 可能在约 140℃下转化为油/气。Bihl 和 Brady（2013）研究了油-黏土（伊利石）黏附性质，其研究成果有助于理解水力压裂和返排程度，他们发现油黏附力在页岩的表面性质中起重要作用，并研究了油（带电荷）和方解石（电荷）中的静电相互作用。

地球的成分和物理性质在地球内部核心处和地面上差别很大。地球的核心处于非常高的温度（6000℃）和高压下。在地球表面发现的许多过程不可能存在于地球内部。另一个截然不同的现象是地球表面存在植物和生物。这些植物的生存依赖于二氧化碳（来自空气）、水和光合作用（来自太阳光）：

$$CO_2 + 水 + 阳光 \rightarrow 植物 \tag{Ⅰ.1}$$

式中的反应可能主要在 25℃左右的温度下进行，并且靠近赤道（Calvin，1969）。此外，地球上所有生物都需要水+食物（植物）+氧气（在空气中的体积分数约为 20%）。

因此，这些观察结果表明，空气中的氧气和二氧化碳都是地球上生物物种生存所需的最重要的气体。目前，人们发现这两种气体的浓度相对稳定。在过去的几十年中，二氧化碳的浓度一直在增加（从 300×10^{-6} 增加到 400×10^{-6}）。因此，空气[由氮（约 80%）、氧（约 20%）和二氧化碳（约 400×10^{-6}，占 0.04%）组成]是维持不同生命元素的最重要来源。此外，空气中的氮气通常被用来合成氨作为肥料，而肥料是植物的组成部分之一。在空气中发现的氮也是一种物质，与氧和二氧化碳类似，与地球生物循环中的不同相处于平衡状态。

众所周知，碳氢化合物（石油和天然气）是源于有机物（Calvin，1969；Hunt，1979；Speight，1990；Schoell，1980）。因此人们认为页岩气可能是由各种反应产生的：

- 不同有机物受热缓慢降解
- 油状物质的裂解
- 通过生物过程降解有机物

在所有情况下，碳氢化合物中的碳都是来自二氧化碳（存在于极低浓度的空气中）。这是通过对石油进行广泛分析发现的，同时还分析了在植物中发现的痕量分子等。然而，一些文献报道也认为天然气（甲烷）可能是在地球深处形成的。至于石油，其结构本身表明它无法承受地球核心内部的高温。碳的同位素分析也被用于确定石油分子的起源。大量文献显示大多数石油来自植物和动物，这些植物和动物在沉积岩中被埋藏和化石化（Calvin，1969；Tissot and Welte，1984）（图 A1.1）。在一段时间内，化石形成了石油，后来转化为石油和天然气。在油中发现的一些分子指标，如卟啉（Dolphin，1978），同样来自植物和动物。卟啉是有机分子，其结构与叶绿素（如植物中发现的）和血红蛋白（如动物血液中发现的）相似（Calvin，

1969；Hunt，1979；Tissot and Welte，1984；Levorsen，1967）。已有研究表明，在氧化和热处理时，卟啉分子转化为油和气。在油藏中发现痕量卟啉分子的事实证实了这一研究结果。这一转化过程很复杂，但人们已经提出了一些可能的机制。分析表明，油中卟啉的浓度从痕量到 400×10^{-6}（Calvin，1969；Hunt，1979）。另一个观察结果是，人们发现地球表面发现了大量以水合物形式存在的甲烷储量。事实上，这些天然气水合物储层对未来的天然气采收具有重要意义。

不同的页岩储层具有不同的地质年代。分析表明，黑色页岩富含有机物质（约 12%TOC）（Calvin，1969；Engelder et al.，2014；Lash and Engelder，2011；Slatt，2011；Badra，2011）。页岩的沉积发生在大约 3.9 亿年前。携带黏土和淤泥的河流形成了层状结构。据估计，富含有机质的页岩在高压下形成致密结构（低渗透性）（深度几公里）。3000 万年中，在高温（约 90℃）下，有机物质（干酪根）降解为较小的有机分子，主要是烷烃、少量其他有机分子（油）和甲烷（气体），干酪根则来源于植物分解。因此，可能含有有机物的页岩被认为是烃源岩（即产生石油的地方）。在一些自然过程中，当存在裂缝和过量的油/气，这些物质会向上迁移。这种迁移在油气到达上层结构后停止，被称为常规储层。人们会发现常规油藏中石油的吸附比源岩中要少。特别是常规油藏中天然气的采收率将远远大于页岩（烃源岩）。非常规页岩气藏具有复杂的结构，主要是层状，且由非均质组成，该结构在平行和垂直取向上存在高度可变性。这也意味着在不同的页岩储层中压裂将是可变的（由组成确定）。页岩基质中的天然气产量主要取决于储层的孔径。储层基质分为无机孔基质或有机孔基质。这两种不同类型基质中的扩散机制是不同的。

必须指出的是，世界各地的能源需求不仅对人类至关重要，而且非常庞大。仅石油（约占总能源供应的 30%）就以每天约 1 亿桶的速度消耗。此外，它还为全球创造了庞大的运输需求。在这种情况下，人们发现世界上大约有 700 亿吨页岩油资源[5 万亿桶（7600 亿 m³）的页岩油]（Fawzi et al.，2014）。目前已知的最大页岩气/石油储量位于美国、中国和加拿大。在中国（Chang et al.，2012），页岩气储量估计为 25 万亿 m³，是中国年消耗量的近 200 倍。据估计，在美国，有超过 20000 万亿立方英尺（1 立方英尺=0.0283168m³）的可采气体储量（可能持续 100 多年）。此外，还有与石油（或天然气）来源有关的问题，这些问题也与寻找更多能源供应有关（Belsky，1966；Calvin，1969；Howarth et al.，2011；Gregory et al.，2011；Chang et al.，2012；Wang et al.，2014；Weber and Clavin，2012；Fawzi et al.，2014）。

一般而言，页岩储层的天然气产量低于常规储层。虽然页岩沉积物的气体采收率较低，但这些储层非常庞大，预计可生产一个世纪或更长时间。任何页岩气藏的原始天然气（gas in place，GIP）储量都与许多参数有关（Richard and Qin，2008；Kargbo et al.，2010；Freeman et al.，2011；Sakhaee-Pour and Bryant，2012）：

· 页岩储层的大小

- TOC
- 岩石的孔隙度
- 水的范围

与总 HIP 相比可以采出的气体量取决于

- 孔隙率(和断裂特征)
- 吸附-解吸平衡
- 裂缝形成程度

此外,页岩由有机质(干酪根等)和无机物组成。已知干酪根与其他页岩成分不同,因为它具有烃类润湿性。它在纳米孔(多孔基质)中的含量也很丰富并且能够吸附气体(甲烷是有机分子)。另一方面,发现无机物质(长石/石英)是水润湿的,且具有低孔隙率。后一特征意味着在无机区域,毛细管力将成为水流的主要驱动机制,特别是在水力压裂作业期间,这对流体回收程度(返排过程)具有重大影响。因此,页岩气采收率由不同的基质组成:

- 达西流
- 气体扩散
- 解吸
- 毛细管力
- 液压流体的润湿程度

页岩气藏具有复杂多变的结构。很久以前埋藏的有机物质(海洋或植物)在高压和高温下进化(Burligame et al.,1965;Calvin,1969;Tissot and Welte,1978)。富含有机物的材料可以厚达 100μm 或更厚。通过这些岩石可以分析:

- TOC
- X 射线衍射
- 吸附气体指示剂
- 核心分析
- 多孔性
- 渗透性
- 流体饱和度(润湿)
- 光学和电子显微镜
- 密度
- 钻孔图像分析
- 水润湿程度

几十年前,水平钻井和多级水力压裂新技术的发明和应用使低渗透岩石($10^{-9}\sim10^{-6}$D)中低成本的油气采收成为可能(Jarvie et al.,2007;Javadpour,2009;Shabro,2013;Yu et al.,2004;Wang et al.,2015)。

水平钻井在油藏中的应用始于 20 世纪 80 年代，这项技术从此不断发展。特别是井下设备已经取得了重大进展，可以更好地控制油气采收。已知页岩储层非常大，厚度可能在 700m 左右变化。众所周知，这项技术将天然气产量从 2000 年的 0.4 万亿立方英尺增加到 2010 年的 5 万亿立方英尺(在美国)。据此可认为，页岩气储藏遍布全球。一些主要区域如下表所示。

国家/ 区域	可采页岩气/ (万亿立方英尺)
澳大利亚	400
加拿大	400
阿根廷	700
中国	1300
法国	200
墨西哥	700
波兰	200
南非	500
美国	900
全世界	6600

学者们已经开始研究如何从页岩中采出潜在油气。页岩的地质力学特征被认为是压裂的重要参数。页岩的低孔隙率(纳米级)导致了这种多孔材料方面的研究急剧增加。在世界经济和地缘政治方面，从页岩中采收油/气改变了游戏规则。事实上，页岩气技术(主要在美国)及其对世界能源市场的影响是 21 世纪的一次重大革命。这是 2015 年天然气价格从约 9 美元/BTU(1BTU≈1.055kJ)降至约 3 美元/BTU 的主要因素之一。此外，它也是其他能源价格下降的原因，如煤炭[这是许多发展中国家(中国、印度、非洲等)的主要能源]。预计部分国家(如中国、波兰和澳大利亚)也将在不久的将来开发页岩油气能源，而开发需要页岩储层的宏观和微观尺度细节。地震成像提供数十米分辨率的信息。孔隙度和气体含量在页岩气藏中很重要。有人通过使用分形过程分析了孔隙结构和尺寸(Feder，1988；Birdi，1993；Yu and Li，2001；Liu et al.，2007)，但还需要更详细的分析来了解裂缝的形成和气体的采收(Javadpour et al.，2012)。气体回收机制与吸附-解吸表面平衡有关。在高压下，气体大部分被吸附到储层岩石表面。随着裂缝的产生和压力的降低，将发生解吸(根据平衡常数的要求)。

空气中的二氧化碳与水分子和太阳能(光合作用)的相互作用导致各种植物的形成。不仅如此，地球本身也充满了能源(煤、石油和天然气)。特别是在不同条件下，地球的较深区域中存在气体(主要是甲烷)。气体(主要是甲烷)可能是由各种有机物质(植物等)的腐化产生的，或者它可能是从地球的起源出现的。至于任何气体的来源，太阳系提供了令人信服的证据，因为太阳主要由氢气组成。地球内部的气体存在于高压和高温下。内核中的化学势($\mu_{\text{innercore}}$)高于地球表面($\mu_{\text{surface earth}}$)：

$$\mu_{\text{innercore}} > \mu_{\text{surface earth}} \qquad\qquad (\text{I}.2)$$

因此，传统的石油和天然气储层表明来自烃源岩(即页岩)的石油/天然气流量是基于化学势的差异[公式(I.3)]：

$$\mu_{\text{gas,shale}} > \mu_{\text{gas,surface of earth}} \qquad\qquad (\text{I}.3)$$

$$\mu_{\text{oil,shale}} > \mu_{\text{oil,surface of earth}} \qquad\qquad (\text{I}.4)$$

其中，$\mu_{\text{gas,shale}}$为页岩储层中天然气的化学势；$\mu_{\text{gas,surface of earth}}$为地球表面天然气的化学势；$\mu_{\text{oil,shale}}$为页岩储层中石油的化学势；$\mu_{\text{oil,surface of earth}}$为地球表面石油的化学势。

需要降低压力以从页岩基质(黏土、有机物质等)中解吸气体。

天然气是不同气体的混合物，但主要成分是甲烷(CH_4含量>90%)。它可能含有其他气体：丁烷、乙烷、丙烷等。已知天然气燃烧干净，产生的有害排放物比煤或油的燃烧少得多(如CO、NO_x等)。此外，众所周知，页岩气采收中使用的技术与常规气体采收技术不同(Ozkan，1988；Burnham et al.，2006)：

- 水平钻孔
- 水力压裂
- 能源供需紧迫

此外，水力压裂是通过使用特定的表面活性裂解物质(SAFS)开发的。通过实验已知这些物质在纯岩石晶体和复杂结构(如水泥)中可以诱导裂缝形成。

实验表明，页岩中的有机物质干酪根在高温下会(通过吸热过程)分解。温度变化大约为300℃。已知油与岩石强烈结合，因此必须将其加热使其流动以便采出。每吨含油页岩可产生高达100~200L的油。分解过程多种多样且复杂，因此它总是向上移动到压力和温度较低的地面。同时，石油也被运移到地面，引起了一个世纪前的石油大开发。自然地震和火山爆发(以及随后产生的裂缝)也会导致地球内部的大量气体(和油)运动。此外，据报道，干酪根(化石有机矿床)在加热时产生石油/天然气(Brandt，2008；Nduagu and Gates，2015)。页岩干酪根可以在原位加热(干馏过程)，这对于油气采收来说是一个有用的过程。人类基本上依赖于太阳能(尤其是植物的光合作用)，该能源预计将持续数十亿年。相比之下，其他能源更为有限(按目前的估计)。因此，人类未来的目标是找到一种在地球上生存的手段，所需能源至少与太阳一样可持续！

A1.1 煤 炭

另一个相关的主要能源是煤炭(Klimpel，1995；Bondarenko et al.，2014；Speight，2013)。大约 2 亿年前，估计大气中二氧化碳浓度为 $1700 \times 10^{-6} \sim 2000 \times 10^{-6}$(即今天的 400×10^{-6} 的五倍)。在大约 200 年(或更多)的地质历史中，埋藏在地下深处的植物(以及其他物质)在高压和高温的影响下被转化为有机物质(如干酪根)(Calvin，1969)。然后有机化合物转化成煤(固体)、石油(液体)或甲烷(气体)。值得注意的是，该过程中所需的大部分碳都来自空气中的二氧化碳。因此可以断言，当人类燃烧煤、石油、甲烷时，自然界中的二氧化碳循环正在恢复。目前，化石燃料产生超过 90% 的二氧化碳。煤的结构非常像层蛋糕，层或接缝会与不同的无机物质分离。接缝厚度因矿山而异，约为 10m。煤矿可以有几千米厚。地球的二氧化碳循环如下：

空气中的 CO_2——植物——煤炭(含碳产品)

因此可以看出，自然界将空气中的二氧化碳转化为植物，然后转化为碳(煤)。煤中的碳含量可为 25%～85%。

人们发现大量的甲烷气体吸附在煤中(Bumb and McKee，1988)。甲烷具有高度爆炸性，是一些矿山发生爆炸的原因。它在离开矿井的很长时间里都没有从煤中解吸，因此存储煤炭的地方总是存在爆炸的风险，特别是在封闭的地方。处理甲烷解吸的最常用方法是将其排放到空气中。另一方面，由于二氧化碳在 20 年内增长了 72 倍，因此这种"释放的甲烷"是甲烷的第四大来源。

A1.2 煤炭燃烧和二氧化碳的生成

$$煤炭 + 氧气 \rightarrow CO_2 \qquad (I.5)$$

如果燃烧 100 万吨煤(碳)，则释放约 360 万吨二氧化碳。煤中几乎所有的碳都以二氧化碳的形式存于大气中。相比之下，在氧气(或空气)中燃烧汽油(作为辛烷)的化学式为

$$2(C_8H_{18}) + 25O_2 \rightarrow 18H_2O + 16CO_2 \qquad (I.6)$$

值得一提的是，目前正在开发二氧化碳捕集技术(carbon capture track，CCT)。CCT 可捕获 CO_2(在某些合适的溶剂中或通过将 CO_2 转化为其他相关产品)。目前，一些大型 CCT 工厂在全球范围内积极使用该技术。

附录 II 水力压裂液(表面化学)

地质分析表明,在页岩储层(烃源岩)中,甲烷(气体)的含量非常大。天然气被困在页岩的高细粒度沉积岩中(Calvin,1969;Gudmundsson,2000;Gupta and Hlidek,2009;Shabro et al.,2012)。植物和动物残骸在高温高压下分解(数百万年)成为石油和天然气。在某些情况下,来自页岩的石油和天然气(通过天然裂缝)迁移到朝向地球表面的岩石中,被称为常规储层。非常规含气页岩储层需要采用不同类型的开采技术,因为气体与页岩表面紧密结合(吸附)。页岩岩石基质由非常细小的矿物颗粒组成,被非常精细的空间隔开,称为孔隙。页岩基质中的气体主要处于两种状态:

- 吸附在有机物上
- 在众多的微孔中释放

已知页岩中的孔隙空间在 2%~10%变化。岩石的孔隙度是油气采收过程中非常重要的特性。这两种状态的化学势通常处于平衡状态(根据经典的热动力学)(Chattoraj and Birdi,1984;Adamson and Gast,1997;Somasundaran,2015):

$$\mu_{\text{free,gas}} = \mu_{\text{adsorbed,gas}} \tag{II.1}$$

其中,$\mu_{\text{free,gas}}$为吸附状态的化学势;$\mu_{\text{adsorbed,gas}}$为游离气体状态的化学势。

水平井钻井增强了气体的释放。水力压裂与这种技术的结合形成了数公里的气体岩石表面区域。当气体压力通过裂缝释放到生产井时,更多的气体按平衡常数的要求解吸[方程式(II.1)]。该平衡的速率取决于页岩结构和组成[即总有机碳(TOC)、渗透率以及无机与有机组分的比例]。

已知气体与页岩紧密结合,如果在低压下存在裂缝,则气体被解吸。几十年前,采用了一种非常有效的方法来实现这一目标(所谓的水力压裂)(Kale et al.,2010;Gupta and Hlidek,2009;Rogala et al.,2013)。水力压裂主要涉及在高压下使用流体(水),使其产生多个裂缝或扩展已经存在于岩层的基质中的裂缝。在此阶段,通常使用压裂液(水)所需的机械力,同时,其他压裂液/气体混合物(如乳液、泡沫和 CO_2/流体)也正在研发中。在高压下注入流体会导致气相页岩中形成裂缝。在三维应力条件下发现了页岩储层。在该压裂步骤之后,移除流体用于随后的气体产生(由解吸平衡确定)。几十年来,相关文献已经研究了固体基质中的断裂现象(Lichtman et al.,1958;Liebowitz,1971),表面活性断裂物质(SAFS)用来增强断裂过程(第 1 章)。在表面活性物质(SAS)中，一系列醇(甲醇、异丙醇、2-丁氧基乙醇和乙二醇)已经被用来促进压裂。

然而，在文献中已经报道了各种其他固体断裂现象(或裂缝现象)。一些基本的例子如下：

(1)玻璃开裂：机械加工(用金刚石笔划伤后)。

(2)金属开裂：表面分子(用镓刮擦后形成铝裂纹)。

(3)水下岩石晶体：电荷效应[电解质处理后的晶体(pH 效应)]。

(4)页岩(或类似)：复杂过程(2)和(3)的组合(SAFS 添加剂：SAS 或类似物)。

SAFS 在页岩上的吸附会引起表面缺陷(在分子尺度上)，这将导致裂缝形成。因此，裂缝允许气体(或油)流到井筒。流速取决于压裂程度以及气体状态(即吸附状态和自由状态之间存在平衡)。但是，如果在页岩储层中产生裂缝，处于自由状态的气体将流到钻井现场。

自 1947 年以来，在不同储层条件应用了不同的压裂技术。(Ozkan，1988；Ozkan et al.，2010；Zhang，2002；Zhang and Gupta，2002；Cahoy et al.，2013；Payman et al.，2014)。实际上，仅在美国，1949~1954 年已经有超过 600 次的压裂操作被报道(Clark，1953；Cahoy et al.，2013；Smith and Montgomery，2015；Zhang，2002；Zhang and Gupta，2002)。水力压裂技术是这十年最重要的发现之一。特别是水平钻井和压裂方法的结合对油气的采收产生了巨大影响。因此，人们对水力压裂技术的研究和开发产生了浓厚兴趣。例如，已经有人研发出用于深井的支撑剂(例如树脂涂覆的)。事实上，有三种主要类型的压裂技术：

- 凝胶压裂
- 加砂压裂
- 酸化压裂

水力压裂液由各种必要的添加剂组成。最典型的成分如下。

(1)溶剂(水)(90%~95%)：用于在水平钻孔中施加压力、高压形成裂缝。

(2)压裂稳定剂：在对储存器施加机械力(即高压水)后产生裂缝。为了稳定这种结构，人们使用了非常精细的支撑剂(一种颗粒状材料，可防止压裂过程后产生的裂缝闭合)。人们还发现了不同类型的支撑剂，如硅砂、树脂涂覆的砂、铝土矿、陶瓷或这些的组合。由于不同的页岩表现出不同的机械性质，因此选择颗粒状颗粒(主要取决于渗透率或页岩岩石颗粒强度要求的特征)。例如，

- 低压裂缝使用天然硅砂
- 高压裂缝可能使用更高强度的铝土矿或陶瓷颗粒

非常规流体的不同压裂发展涉及各种表面化学原理(Gregory，2011；Gupta and Carman，2011)如下。

(1)流体滞留程度(与页岩的润湿性有关)。

(2)压裂液组合物:水基、乳液[水和有机液体(烃)的混合物]、泡沫(水+表面活性剂)。

(3)具有触变黏度的表面活性剂溶液(黏弹性表面活性剂流体):表面活性剂的溶解度特性随着添加的电解质而急剧变化(第 3 章)。这些特性会产生一些不寻常的黏度效应(Birdi,1997,2016)、泡沫(第 7 章)和乳液(第 8 章)。

除流体技术外,人们还对支撑剂的特性进行了研究。最常用的支撑剂是硅砂。如第 1 章所述,胶体颗粒的物理性质与颗粒的大小和形状有关。据报道,尺寸和形状均匀的颗粒更有效。这也表明尺寸更均匀的支撑剂颗粒可以产生更均匀的裂缝。

另一项调查涉及天然气页岩中残余水力介质的去向(Shabro,2013;Howarth et al.,2011;Cahoy et al.,2013;Engelder et al.,2014),并分析了水平钻井和大体积液压裂缝(HVHF)在该技术中的应用。此外,水平井技术自 20 世纪 30 年代起在美国应用。在典型的页岩气作业中,将约 $10^4 m^3$ 的液压水注入水平井中,采收率不到 50%。至于毒性,添加剂在地下的吸附显然是主要的原因(Stringfellow and Domen,2014)。

A2.1　岩石渗透率(石油/天然气储层)

在石油/天然气开采方面,常规和非常规岩石的多孔结构是最重要的。流体通过这种多孔固体材料的流动可以通过文献中的方法进行测量(Bear,1972;Walls,1982;Ahmed,2011;Birdi,1999,2016)。多孔材料的渗透率常数 k_{Darcy} 定义为流体流速 V_{flow}、渗透率常数 k_{Darcy}、流体黏度 μ_{fluid}、压力差 dP 和固体材料厚度 dx 之间的关系:

$$V_{flow} = (k_{Darcy}dP) / (\mu_{fluid}dx) \tag{II.2}$$

例如,渗透率常数为 1D 的多孔固体具有以下数据:

- V_{flow}=1cm^3/s
- μ_{fluid}=1cP(1mPa·s)
- dP=1atm/cm(横跨 1cm^2 区域)

不同多孔岩石的渗透率常数 k_{Darcy} 的典型值为

- 砾石:100000D
- 沙:1D
- 花岗岩:<0.01μD

附录Ⅲ　温度与压力对液体表面张力的影响（对应状态理论）

在工业和研究中，人们操纵着大量可系统化的数据。根据液体表面的化学与物理特性，将界面力描述为温度与压力的函数是非常重要的，对于在高温高压下的油气藏来讲更为重要（Birdi，2003，2010b，2016；Somasundaran，2015）。对于液体，γ 的大小在小范围内随着温度升高几乎呈线性降低（Partington，1951；Birdi，2003；Defay et al.，1966）：

$$\gamma t = k_0(1 - k_1 t) \tag{III.1}$$

式中，k_0 是一个常数；系数 k_1 近似等于温度升高时密度 (ρ) 的下降率。

$$\rho t = \rho_o(1 - k_1 t) \tag{III.2}$$

对于不同的液体，常数 k_1 的数值不同。此外，γ 的值与临界温度 (T_C) 有关。

方程式（III.3）将液体的表面张力与液体的密度 ρ_1 和蒸汽的密度 ρ_v 相关联（Partington，1951；Birdi，1989）：

$$\gamma / \left(\rho_1 - \rho_v\right)^4 = C_{\text{constant}} \tag{III.3}$$

其中，常数 C_{constant} 对有机液体是不变的，但对于液体金属则不是常数。

在临界温度 T_C 和临界压力 P_C 下，液体及其蒸汽是相同的，表面张力 γ 和总表面能就像汽化能一样必须为 0（Partington，1951；Birdi，1997）。温度为 $2/3T_C$，低于沸点时，总表面能和汽化能都接近于常数。对于不同的液体，表 A3.1 给出了表面张力 γ 随温度的变化。

表 A.3.1　γ 与不同烷烃温度的变化

正构烷烃	温度/℃	测量 γ	计算 γ
C_5	0	18.23	18.25
	50	12.91	12.80
C_6	0	20.45	20.40
	60	14.31	14.30
C_7	30	19.16	19.17
	80	14.31	14.26
C_9	0	24.76	24.70
	50	19.97	20.05
	100	15.41	15.40

正构烷烃	温度/℃	测量γ	计算γ
C_{14}	10	27.47	27.40
	100	19.66	19.60
C_{16}	50	24.90	24.90
C_{18}	30	27.50	27.50
	100	21.58	21.60

该数据清晰地表明γ随温度的变化是一种非常典型的物理性质[斜率是表面熵：见式(III.8)]。当γ的测量灵敏度约为±0.001dyn/cm(=mN/m)时，这种变化变得更为重要。混合物的γ随温度变化与物质组成有关。向液体中添加气体会降低γ的值，如CH_4+己烷系统的γ变化如下：

$$\gamma(CH_4 + 己烷) = 0.64 + 17.85\, x_{己烷} \tag{III.4}$$

可以看出通过测量系统γ值，能实时估计CH_4的浓度。由于在原油中总是会发现CH_4，所以这种方法在油藏工程中十分重要。

- 甲烷：CH_4
- 沸点：$-161.5℃$
- 密度：$0.656kg/m^3$

众所周知，对应状态理论为热力学和流体的传输特性提供了很多有用的信息。它给出了最有用的双参数经验表达式，并将表面张力γ和临界温度T_C结合起来：

$$\gamma = k_0\,(1 - T / T_C)^{k_1} \tag{III.5}$$

其中，k_0与k_1是常数。尽管实验表明$k_1=1.23$，Van der Waals推导出该等式的$k_1=3/2$。Guggenheim(Partington，1951)认为$k_1=11/9$。然而，对于很多液体，k_1的值为$6/5\sim 5/4$。

K_0与$T_C^{1/3}\,P_C^{2/3}$成比例关系。当式(III.5)适合表面张力γ时，根据液体CH_4可以发现以下关系：

$$\gamma CH_4 = 40.52(1 - T / 190.55)^{1.287} \tag{III.6}$$

这里$T_C=190.55K$。该公式适用于$91\sim 190K$下的液体甲烷，精度为±0.5mN/m。

正烷烃从正戊烷到正十六烷的γ与T数据的范围均可被计算出来(Birdi，1997a，1997b)。常数k_0(52～58)和k_1(1.2～1.5)与碳原子(C_n)数有关。式(III.8)估算得到的不同正构烷烃的值与测量值相差仅在百分之几：在100℃下n-$C_{18}H_{38}$的γ的测量值和计算值都是21.6mN/m。这也可以表明正构烷烃的表面张力很符合状态方程。值得一提的是，当用式(III.5)进行分析时，极性(和缔合)分子(如水和醇)的γ与T的等式给出的k_0和k_1的大小与非极性分子(如烷烃)完全不同。这种差异表明表面力随温度的变化是不同的(Birdi，1997)。

水的γ随温度(t/℃)的变化如下所示(Cini et al.，1972；Birdi，1997)：

$$\gamma(H_2O) = 75.668 - 0.1396t - 0.2885 \times 10^{-3}t^2 \qquad (\text{III}.7)$$

表面熵(S_s)适用于公式(III.5)：

$$S_s = -d\gamma / dT \qquad (\text{III}.8)$$

适用于表面焓，h_s：

$$\begin{aligned} h_s &= g_s - Ts_s \\ &= -T(d\gamma / dT) \end{aligned} \qquad (\text{III}.9)$$

热量在表面膨胀时被吸收的原因是分子必须在从内部转移至外部的过程中一直抵抗向内的吸引，以形成新的表面。在这个过程中，这种内向吸引力阻碍了分子的运动，除非从外部供热，否则表面的温度会低于内部温度。此外，将γ外推至零表面张力时，T_C值比测量值低10%～25%(Bridi，1997，2003)。

所有液体的表面张力γ都与压力P有关，如下所示：

$$(d\gamma / dP)_{A,T} = (dV / dA)_{P,T} \qquad (\text{III}.10)$$

由于公式右侧是正值，受到压力影响时，γ会增加。初步分析证明$(d\gamma / dP)$是正值且与烷烃的链长有关(Jennings，1967；Birdi，1997)。苯(C_6H_6)在20℃下：

- $(d\gamma / dT)_{20\sim30℃} = -0.04\text{mN/m/℃}$
- $(d\gamma / dP)_{25℃,1\sim50\text{atm}} = 0.07\text{mN/m/atm}$

体系压力过高时，这些数值尤为重要，例如：

- 油藏(100～200atm)
- 汽车轮胎(在道路上施加高压)
- 牙齿(施加相当大的压力)
- 鞋子(高压下)
- 建筑结构

甲烷(CH_4)和壬烷(C_9H_2O)混合物的表面张力可以看作是压力(10～80atm)的函数(Deam and Mattox，1970；Reid et al.，1987)。在一个给定的温度下表面张力的大小随着压力增加而降低(表明甲烷的高溶解度)。甲烷-戊烷和甲烷-癸烷混合物也表现出相应的性质(Stegemeier，1959)。

液体的表面张力与密度的关系如下所示：

$$\gamma(M_w / \rho)^{2/3} = k(T_C - T - 6) \qquad (\text{III}.11)$$

其中，M_w是分子质量；ρ是密度(M_w / ρ=摩尔体积)。

$\gamma(M_w / \rho)^{2/3}$被称为分子表面能。重要的是注意右侧的修正项6。这与从$\gamma - T_c$估算出的正构烷烃和正链烯烃相同(Birdi，1997)。

表A3.1是在不同温度下不同正构烷烃计算的γ(Birdi，1997)和测量值。

附录Ⅳ 有机分子在水中的溶解度：表面张力 –腔模型系统（水和天然气水合物的结构）

在所有溶液中，溶解性是人们主要关注的性质。水在日常生活中是最重要的溶剂。地球 70%以上的面积被海洋（包括湖、河）覆盖。因此，各种分子在水中的溶解性具有重要意义。如 NaCl 这类无机盐在水中的溶解机理与烷烃分子(己烷、戊烷、丁烷、丙烷、乙烷和甲烷)不同。在水相中，NaCl 溶解为 Na^+和 Cl^-，并通过氢键与水互相作用。己烷分子仅是通过进入水结构中而在水中溶解(低溶解度)。由于氢键的存在，水很稳定，所以己烷分子需要在不破坏氢键的前提下把键重排。这一结论是因为在整个溶解过程中没有外部供热(Tanford，1980；Birdi，2016)。有机分子(例如链烷烃)溶解在水中时会产生腔，这一模型被用来预测简单和更复杂的有机分子溶解度。在简单的情况下，因为庚烷比己烷多出一个 CH_2 基团，其溶解度也更低。烷烃分子的溶解度与 CH_2 基团的数量呈线性关系(Tanford，1980；Birdi，1997)。

因此，当将烷烃分子(描述为 CCCCCCCCC)置于水中时，该模型基于以下假设(描述为 w)：

- wwwwwwwwwwwwwwwwwwwww
- wwwCCCCCCCCCwwwwwwwww
- wwwwwwwwwwwwwwwwwwwww

在表面产生空腔所需的能量与烷烃的溶解程度呈比例，因此，链烷烃分子的溶解度如下所示：

$$溶解自由能=比例（表面腔面积）（腔的表面张力）$$

通过分析大量链烷烃溶解度数据，以下关系最适合实验数据：

$$\begin{aligned}溶解的自由能 &= \Delta G_{sol}^0 \\ &= RT\log(溶解度)\end{aligned} \tag{IV.1}$$

$$\begin{aligned}&= (\gamma_{cavity}) \cdot (S_{areaalkane}) \\ &= 25.5(S_{areaalkane})\end{aligned} \tag{IV.2}$$

其中，$S_{areaalkane}$ 是烷烃腔的面积。总表面积(TSA)给出了直链烷烃在水中的溶解度：

$$\ln(sol) = -0.043(TSA) + 11.78 \tag{IV.3}$$

溶解度以 mol 为单位，TSA 以 Å^2 为单位，如表 IV.1 所示。

表 IV.1 直链烷烃在水中的溶解度

烷烃	溶解度	TSA	预测(sol)	比率
正丁烷	0.00234	255	0.00143	1
正戊烷	0.00054	287	0.0004	1/4.3
正乙烷	0.0001	310	0.0001	1/5.4
正丁醇	1	272	0.82	1
正戊醇	0.26	304	0.21	1/4
正己醇	0.06	336	0.05	1/4

这一数据表明，在烷烃或醇中添加每个—CH$_2$—基团会使其水中的溶解度降低为原来的四分之一。式 (IV.3) (Tanford，1980) 中的常数 0.043 等于 γ_{cavity}/RT =25.5/600。通过不同的方法(分子模型、几何区域和计算方法)估计出正壬醇的表面积。估计面积(Å^2)如表 IV.2 所示。

表 IV.2 估计面积

CH$_3$	CH$_2$	CH$_2$	CH$_2$	CH$_2$	CH$_2$	CH$_2$	CH$_2$	CH$_2$	OH
85	43	32	32	32	32	32	40	45	59

可以看出，如果需要估计正癸醇的 TSA 值，它将是壬醇的 TSA+CH$_2$ 的 TSA，即 431+32=463Å^2。

一系列正醇的溶解度如下所示，见表 IV.3。

表 IV.3 系列正醇的溶解度

醇	溶解度/(mol/L)	log(S)
C$_4$OH	0.97	−0.013
C$_5$OH	0.25	−0.60
C$_6$OH	0.06	−1.22
C$_7$OH	0.015	−1.83
C$_8$OH	0.004	−2.42
C$_9$OH	0.001	−3.01
C$_{10}$OH	0.00023	−3.63

该算法允许人们估计具有已知结构的任何有机溶剂在水中的溶解度。估算得到的胆固醇($C_{27}H_{46}O$；溶解度极低的相当大的复杂分子：$1.8 \times 10^{-6} g/mL$)溶解度与实验数据几乎一致(Tanford，1980；Birdi，2003)，可以看出 $\log(S)$ 是醇中碳原子数的线性函数，每个—CH_2—基团减少 0.06 单位 $\log(S)$。

A4.1 水(冰)和天然气水合物的结构

对于碳氢化合物溶解度的水结构模型仍需进行更详细的分析，可以通过使用提供详细分子结构(例如，X 射线衍射)的方法来研究固体结构，这显然不适合液体。水具有一些与其他液体不同的性质。例如，所有正常液体在冷却时直到达到其凝固点，密度显著增加。然而，水在 4℃下(压力为 1atm)的密度最大，重水 D_2O 在 11.2℃时密度最大(Venkateswarlu，1996；Brezonik and Arnold，2011)。密度的最大值可以解释为该温度下某种结构的变化引起的。在 4℃与凝固点(0℃)之间，水变得稀疏，这是液体状态下冰的密度比水低 10%左右的原因(冰漂浮在水中)。

冰中的笼状水结构表明了一些几何堆积及其性质[图 A4.1(a)]，这一结构也会随着水的波动而出现，水分子之间的距离刚好可以容纳下一个甲烷分子[图 A4.1(b)、(c)]。不同的水合物(Tanford，1980；Sloan and Koh，2007；Aman，2016)：

- 甲烷水合物：CH_4—$\{5(3/4)\}H_2O$
- 氯水合物：Cl_2—$\{8\}H_2O$

这些数据表明，在冰中存在复杂的结构，其中 5(3/4) 个水分子的排列使一个 CH_4 分子可以被放置在其中。同样，Cl_2 分子可以形成复合物，在冰中，8 个水分子包围水合物[图 A4.1(c)]。这些水合物结构可用于解释非极性有机物质在水中的溶解度。表面积溶解度模型在这方面非常有用(Tanford，1980；Birdi，2016).

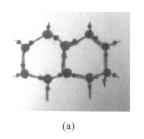 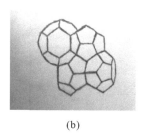 

(a)   (b)   (c)

图 A4.1　(a)冰的笼状结构；(b)天然气水合物结构示意图(仅指水分子)；
(c)气体水合物的一个细胞模型(由 Ultimaker 3D 打印)：
水(作为小分子)和氯(作为大分子)

此外，已知地球上存在着非常大的甲烷水合物堆积，主要存在于陆相沉积区附近的近海以及极地地区(永久冻土区)(Kvenvolden，1995；Hesselbo et al.，2000)。这表明地球内核中存在大量的甲烷。这些气体已经迁移，其中一些以水合物的形式被困在冰中。

附录 V 气体在固体表面的吸附-解吸

干净的固体表面是吸附气体或蒸汽分子的活性位点。在一系列工业和日常现象中，固体表面的吸附是至关重要的。发现气体在固体上的吸附量与以下因素有关：
- 温度
- 气体蒸汽压强
- 可用于吸附的固体表面积

为了理解这一过程，需要知道固体面积大小。气体和固体之间存在不同形式的表面力，气体与固体之间的吸引力主要是范德瓦耳斯力（Jaycock and Parfitt，1981；Adamson and Gast，1997；Birdi，2010b，2016；Somasundaran，2015）。这表明气体的临界温度 T_C 与固体吸附程度之间存在关系，见表 V.1。T_C 越大，吸附量越大。

表 V.1 气体临界温度 T_C 与固体吸附程度之间关系表

气体	H_2	N_2	CO	CH_4	CO_2	NH_3
T_C/K	33	126	134	190	304	406

气体被固体表面吸附的过程与工业（气体贮藏、气体的净化和干燥、溶剂回收、分馏分离和捕获（CO_2）、固体表面催化的气态反应［从 N_2 和 H_2 生成氨（NH_3）］等）和其他过程（医药等）都有相关性（Jaycock and Parfitt，1981）。

在平衡状态下，气体分子在固体表面的吸附与解吸以同一速率进行；即吸附的速率（R_{ads}）与解吸的速率（R_{des}）相等。表面由以下因素组成（Chattoraj and Birdi，1984；Adamson and Gast，1997；Somasundaran，2015；Birdi，2016）。
- 总表面面积=$A_1=A_0+A_m$
- 干净表面面积=A_0
- 气体覆盖面积=A_m
- 吸附熵=E_{ads}

可以写成

$$R_{ads} = k_a P A_0 \tag{V.1}$$

$$R_{des} = k_b A_m \exp(-E_{ads}/RT) \tag{V.2}$$

其中，k_1 和 k_2 是常数。

平衡时，

$$R_{ads} = R_{des} \qquad (V.3)$$

A_0 是常数。

此外，有

吸附气体数量$=N_s$

固体表面的单层容量$=N_{sm}$

把这些关系结合得

$$N_s / N_{sm} = A_m = A_t \qquad (V.4)$$

得到了著名的朗缪尔吸附方程：

$$N_s = N_{sm} / (ap) / (1 + (ap)) \qquad (V.5)$$

此外，我们还对吸附热进行了研究，例如，当温度从 79K 降到 77K，吸附在 AgI 上的 Kr 气体量从 0.13mL/g 增加到 0.16mL/g。这一数据可以估计等量吸附热（Jaycock and Parfitt，1981）：

$$d(\ln P) / dT = q_{ads} / RT^2 \qquad (V.6)$$

q_{ads} 的测量值范围为 $10 \sim 20$kJ/mol。

吸附过程是自发现象，这意味着自由能 $\Delta G < 0$（即负的焓）：

$$\Delta G = \Delta H = T \Delta S \qquad (V.7)$$

因为吸附过程意味着熵损失，$\Delta S < 0$，ΔH 的符号必须是负的。这意味着吸附过程是放热的。因此，吸附程度随着温度的降低而增加（并且随着温度的升高而降低）。

另一个在氧化铝粉末(Al)上吸附 N_2（在 77.3K）下的例子见表 V.2。

表 V.2　不同压力条件下氧化铝粉末吸附体系

压力 P/mm Hg	V(=g N_2/g 氧化铝)
31.7	0.000831
56.6	0.000890
112.4	0.001015
169.3	0.00118

从以上数据中可以发现，每分子 N_2 吸附的面积为 16.2A。这个数值是合理的，并且与其他方法是一致的。